Sujaya Upreti
Naba Raj Devkota

Rendimento e composição química das principais espécies de árvores forrageiras no Nepal

Sujaya Upreti
Naba Raj Devkota

Rendimento e composição química das principais espécies de árvores forrageiras no Nepal

Rendimento e composição química das forragens

Imprint

Any brand names and product names mentioned in this book are subject to trademark, brand or patent protection and are trademarks or registered trademarks of their respective holders. The use of brand names, product names, common names, trade names, product descriptions etc. even without a particular marking in this work is in no way to be construed to mean that such names may be regarded as unrestricted in respect of trademark and brand protection legislation and could thus be used by anyone.

Cover image: www.ingimage.com

This book is a translation from the original published under ISBN 978-620-2-19785-4.

Publisher:
Sciencia Scripts
is a trademark of
Dodo Books Indian Ocean Ltd. and OmniScriptum S.R.L publishing group

120 High Road, East Finchley, London, N2 9ED, United Kingdom
Str. Armeneasca 28/1, office 1, Chisinau MD-2012, Republic of Moldova, Europe
Printed at: see last page
ISBN: 978-620-8-04681-1

Índice

Agradecimentos

Gostaria de expressar a minha sincera gratidão ao Prof. Dr. Naba Raj Devkota, presidente do comité consultivo, pela sua orientação regular, encorajamento contínuo e sugestões valiosas ao longo do período de estudo.

Dr. Jagat Lal Yadav, membro do comité consultivo, pelas suas valiosas sugestões e orientações ao longo do período de estudo.

Estou grato ao Sr. Bhola Shankhar Shrestha, cientista sénior e chefe de divisão, Divisão de Criação de Animais do NARC, e membro do comité consultivo, pelas suas valiosas sugestões, orientação e apoio, especialmente na análise dos dados.

Os meus sinceros agradecimentos ao Dr. Chet Raj Upreti, Cientista Principal e Coordenador do Programa Nacional de Investigação sobre Gado, pelas suas valiosas sugestões durante todo o período de investigação, cuja ajuda sempre me inspirou a trabalhar arduamente.

Estou grato ao NARC, especialmente à Divisão de Nutrição, por me ter disponibilizado as instalações laboratoriais. O Sr. Pulkit Manadal, Chefe da Divisão de Nutrição Animal, o Sr. Bashanta Kumar Shrestha, Responsável Técnico, o Sr. Sanjeev Shrestha e o Sr. Sudhir Shah são especialmente reconhecidos pela sua ajuda no trabalho laboratorial.

Os meus sinceros agradecimentos ao Sr. Man Bahadur Shrestha, Chefe de Divisão da Divisão de Investigação da Qualidade Alimentar do NARC, Khumaltar, por me ter facultado as instalações do laboratório de investigação para realizar o meu trabalho de tese.

Estou grato ao Dr. Doj Raj Khanal, cientista sénior, Divisão de Investigação em Saúde Animal, NARC, pelas suas valiosas sugestões e orientações.

Gostaria de agradecer a todos os agricultores que contribuíram generosamente para este estudo, fornecendo-me informações valiosas e permitindo o acesso às árvores forrageiras nos seus terrenos agrícolas.

Estou grato aos meus colegas do Departamento de Nutrição Animal: Sr. Shankhar Pant,

Sra. Puja Sharma, Sr. Bhojan Dhakal, Sr. Rabin Acharya, Sr. M.P. Shah, Sr. R.P. Pradhan e Sr. Bishal Bastola. Do mesmo modo, os meus sinceros agradecimentos à Sra. Rumee Maharjan, à Sra. Juna Gautam e à Sra. Durga Raut pelo seu apoio e incentivo para a realização do estudo.

Por último, gostaria de agradecer ao meu pai, Dr. Chet Raj Upreti, à minha mãe, Sra. Balika Upreti, e ao meu irmão mais novo, Sr. Sulav Raj Upreti, pela sua generosa ajuda e apoio durante todo o período de estudo.

Sujaya Upreti

Acrónimos

AO – Abdominal Obesity

ATP III – Adult Treatment Panel

AF – Aerobic Fitness

AUC – Area Under the Curve

BMI – Body Mass Index

CVD – Cardiovascular Disease

cMSr – Continuous Metabolic Syndrome Risk

DBP – Diastolic Blood Pressure

EYHS – European Youth Heart Study

GLU – Glucose

HDL-C – High Density Lipoprotein-Cholesterol

IDF – International Diabetes Federation

IOFT – International Obesity Task Force

LMS – Lambda-Mu-Sigma

LDL – Low Density Lipoprotein

MS – Metabolic Syndrome

ONAFAF – Observatório Nacional da Actividade Física e da Aptidão Física

OW – Overweight

PA – Physical Activity

PCA – Principal Component Analysis

ROC – Receiver Operating Characteristic

SBP – Systolic Blood Pressure

TG – Triglycerides

Vs - Versus

WC – Waist Circumference

WHO – World Health Organization

1. Introdução

1.1Antecedentes

A pecuária é uma componente importante do sistema agrícola misto no Nepal. Existem cerca de 72,44,944 bovinos, 51,33,139 búfalos, 95,12,958 cabras, 8,07,267 ovelhas, 4,51,71,185 aves de capoeira no Nepal, que têm de ser sustentadas pela utilização dos recursos alimentares disponíveis (MoAD, 2012). A indústria é economicamente viável, uma vez que o sector representa cerca de 24% dos produtos internos brutos agrícolas (AGDP) do país (MoAD, 2012). Entre as espécies pecuárias do Nepal, os ruminantes, nomeadamente os bovinos, os búfalos, os ovinos e os caprinos, são importantes porque contribuem para o leite, a carne, a fibra de lã (APP, 1995) e ajudam na lavoura e no transporte. Além disso, são a principal fonte de fertilizantes (Panday, 1982) para a produção de culturas no país. Têm uma contribuição importante para o produto interno bruto (PIB). Entre os factores de produção exigidos pelos animais, os alimentos para animais representam cerca de 60 a 65% do custo total da produção de leite, carne, fibras e lã dos ruminantes (Upreti, 2008). O custo mais elevado da alimentação aumenta o custo de produção, o que resulta num menor rendimento líquido do animal.

A dieta do gado, no contexto rural e em ambas as explorações agrícolas substanciais, principalmente dos ruminantes, é geralmente composta por gramíneas verdes, resíduos de culturas, subprodutos de culturas e folhagem de árvores, com pouca ou nenhuma alimentação concentrada (Upreti e Shrestha, 2006). Mais de 50% da oferta total de forragens verdes provém de recursos florestais, tanto de florestas comunitárias como de terrenos agrícolas privados, dos quais a parte da folhagem das árvores é de 15 a 29% (Kshatri, 2007), mas a oferta inadequada de alimentos e a má nutrição durante o inverno seco e o início do verão são os principais obstáculos ao aumento da produção de ruminantes nas colinas do Nepal (Kiff *et al.*, 1999). A folhagem das árvores é a principal fonte de alimentação, em especial durante o inverno, e é geralmente utilizada como suplemento dos subprodutos das culturas ou das gramíneas verdes (Upreti e Shrestha, 2006).

Do total de 1.47.18.000 hectares de terra, 39,60 % são cobertos por florestas, 12,00 %

por pastagens e 7,00 % por terras não cultivadas no Nepal (MoAD, 2012). Cerca de 41% da matéria seca (MS) na alimentação animal provém de árvores forrageiras (plantadas ou de crescimento natural) e arbustos (Panday, 1982). Do mesmo modo, 47% dos nutrientes digestíveis totais (NDT) provêm das terras de cultivo, 30% das florestas, 7% dos arbustos, 5% dos prados e 11% dos NDT dos ingredientes não convencionais (Pariyar, 2004). Cerca de 12% da folhagem dos arbustos é suplementada com outras forragens grosseiras, que constituem os principais alimentos para os animais leiteiros no Nepal (Panday, 1990a). O padrão atual de utilização do solo indica a necessidade de proteger e promover as árvores forrageiras para produzir mais alimentos no Nepal. Muito pouco trabalho foi feito neste domínio.

Os resultados do estudo indicaram que existe um grande fosso entre a procura e a oferta de nutrientes em termos de TDN. O fator limitativo mais grave da produção animal é a escassez aguda da oferta de alimentos para animais. As necessidades totais de alimentação dos ruminantes são estimadas em 9,3 milhões de toneladas de TDN, das quais apenas 5,9 milhões de toneladas estão disponíveis anualmente, ou seja, 34% são deficitárias. Isto é equivalente a 37,0 milhões de toneladas de matéria seca, ou 111 milhões de toneladas de erva verde (ANZDEC, 2002). Esta situação de procura e oferta de nutrientes sugere a necessidade de uma maior plantação de árvores forrageiras, a utilização de técnicas científicas de corte de forragem e uma melhor gestão da alimentação, também para promover e apoiar as indústrias leiteiras em constante crescimento no país. A utilização de árvores forrageiras ainda é tradicional e a maioria dos agricultores não conhece a técnica correta de gestão das árvores.

No contexto do equilíbrio alimentar existente, tal como indicado na informação acima, mais de 50 por cento da forragem para animais ruminantes provém de recursos florestais (Kadariya, 1992). Existem mais de 500 espécies de árvores forrageiras, das quais cerca de 250 foram reconhecidas como árvores forrageiras económicas disponíveis em toda a zona agroecológica do país (Subba, 2000). Amatya (1990) referiu que existem 44 espécies forrageiras diferentes preferidas pelos agricultores. Além disso, os resultados do estudo da FAO (2012) revelaram que foram identificadas

19 espécies de árvores forrageiras económicas e seguras, com o respetivo índice de seleção, tendo em conta os polifenólicos e as substâncias tóxicas, como o nitrato, utilizando os métodos do teste de campo da difenilamina (DFT). Este cenário de recursos de árvores forrageiras disponíveis no Nepal indicou que existe um grande potencial na produção e utilização de espécies de árvores forrageiras para o gado, especialmente durante a alimentação de inverno no Nepal. Mas a quantidade e a qualidade das árvores forrageiras disponíveis dependem das estações do ano, das idades, das espécies, das elevações, dos aspectos do grau de inclinação da montanha e da acessibilidade ao sistema agrosilvipastoril (Kshatri, 2007), que precisa de ser mais estudado.

A preferência pelas espécies de árvores forrageiras disponíveis varia consoante os agricultores e os animais ruminantes. Pode ser determinada (a) pelo rendimento forrageiro, (b) pela composição nutricional, (c) pela duração disponível, (d) pela palatabilidade e (e) pela segurança alimentar do animal em termos de conteúdo polifenólico (Kshatri, 2007 e FAO, 2012). Os resultados de vários estudos revelaram que a produção de biomassa das árvores varia muito consoante a espécie. O nível de nitratos também varia consoante a espécie de árvore forrageira. A FAO (2012) registou 1,08 pontos no caso de Badahar, 1,27 pontos no caso de Kutmiro e 12,7 pontos no caso de Kabro, utilizando o método do teste de campo da difenilamina (DFT). Vários estudos efectuados sobre o rendimento forrageiro, a composição química e os polifenólicos (nitratos) indicaram a variação dentro e entre as espécies de árvores forrageiras que se encontram habitualmente nas colinas do Nepal.

Apesar da importância das árvores forrageiras no sistema de criação de gado nas colinas, foi efectuado um trabalho limitado para estimar e determinar a produção e a produtividade das árvores forrageiras comuns no Nepal, situação que exige um estudo semelhante centrado na produtividade e na composição nutricional das principais árvores forrageiras nas colinas do Nepal, para que possam ser desenvolvidas opções adequadas de gestão das árvores para a sua melhor utilização pelos ruminantes.

1.2 Objectivos

Objectivos gerais

• O principal objetivo deste estudo foi determinar o rendimento forrageiro e a composição química das principais árvores forrageiras nos distritos de meia-encosta selecionados do Nepal.

Objectivos específicos

• Identificar as espécies de árvores forrageiras mais populares e mais comummente cultivadas através de uma classificação em função da produção de forragem nos distritos selecionados de Mid Hills do Nepal.

• Estimar o rendimento de forragem fresca e o peso seco das espécies de árvores forrageiras comuns em termos de variação de idade nos distritos de Mid Hills do Nepal.

• Determinar a composição química principal das árvores forrageiras selecionadas, e

• Analisar o nível de nitrato de árvores forrageiras promissoras em relação à variação de idade para ajudar a desenvolver estratégias de alimentação adequadas, para a melhor utilização pelos ruminantes.

2. Revisão da literatura

2.1 Papel dos alimentos para animais e das forragens na criação de gado

As forragens são um dos principais componentes dos alimentos para o gado no Nepal (Armestrong *et al.*, 2011) e são cultivadas num sistema agrícola misto (Stewart, 1990). Entre os alimentos, as árvores forrageiras são a principal fonte de alimentação dos ruminantes nas colinas médias do Nepal (Ghimire *et al.*, 2011), o que ajuda a reduzir os custos e tem uma influência laxante no sistema elementar dos ruminantes (Devendra, 1991). Mais de 50% do abastecimento total de forragens provém de recursos florestais (Kshatri, 2007). As árvores florestais fornecem 15-29% (Pande, 1997) das dietas dos animais. Karki e Gold (1992) referiram que a contribuição da floresta é de 17% do abastecimento total de alimentos para animais. Além disso, referiram que a percentagem de forragens arbóreas tem vindo a aumentar continuamente. Embora o Nepal disponha de uma rica diversidade genética de espécies de árvores forrageiras, o seu potencial total ainda não foi investigado (Hudson, 1987).

As árvores forrageiras fornecem quantidades significativas de proteína bruta e energia às dietas. A folhagem das árvores é geralmente fornecida como alimento suplementar aos resíduos de culturas, subprodutos de culturas ou erva, porque a sua produção é limitada, sendo considerada um alimento de alta qualidade e palatável para os animais leiteiros. A folhagem das árvores é a principal fonte de alimentação, em especial durante o inverno seco (Armestrong *et al.*, 2010, e Ghimire *et al.*, 2011).

O fator limitante mais grave na produção pecuária é a escassez aguda de alimentos para animais durante o inverno (ANZDEC, 2002). Uma unidade animal (UA) de ruminantes necessita de 1,110 toneladas de TDN por ano, 1 kg de MS é igual a 0,4 kg de TDN, 3 kg de erva verde é igual a 1 kg de matéria seca (ANZDEC, 2002).

Ainda assim, o sistema TDN no cálculo da alimentação é popular na região asiática. As principais espécies de árvores forrageiras selecionadas, como Badahar e Kabro, contêm 0,228 kg de TDN e 0,171,0 kg de TDN por kg de folhas de forragem, respetivamente (Ibrahim *et al.*, 2008).

Uma análise do papel dos alimentos para animais e das forragens na criação de gado no Nepal indica que é necessário avaliar a produtividade e a composição química das principais árvores forrageiras.

2.2 Árvore forrageira e sua contribuição para mitigar a escassez de alimentos para animais

As árvores forrageiras são a principal fonte de alimentação dos ruminantes nas colinas e montanhas do Nepal (Ghimire *et al.*, 2011). No inverno, é mais escasso em todo o Nepal, o que resulta numa fraca produtividade animal (Armstrong *et al.*, 2011). O aumento da criação comercial de ruminantes no país está a exigir mais alimentos para criar os animais. Existem terras adequadas para cultivar árvores forrageiras nas colinas e montanhas do Nepal, o que indica um grande potencial para cultivar árvores forrageiras a fim de atenuar a escassez. Para atenuar a escassez de alimentos para o gado nos campos dos agricultores, é necessário desenvolver estratégias de alimentação tendo em conta a informação sobre os alimentos para animais e os seus valores nutritivos (Hendy *et al.*, 2000). Do mesmo modo, é necessário considerar vários programas para mitigar a escassez de alimentos, tais como incluir as espécies de árvores forrageiras no programa de plantação de árvores, converter pelo menos 10% das terras marginais em pomares de forragem, alargar o conhecimento do sistema agroflorestal nas comunidades agrícolas, aceder ao valor alimentar das árvores, forragens e arbustos, identificar os constituintes deletérios encontrados nas principais plantas forrageiras e explorar meios de desintoxicação, desenvolver um sistema de conservação das folhas forrageiras, identificar o centro de investigação e fornecer as instalações necessárias com incentivos adequados aos investigadores e extensionistas, estudos iniciais sobre o valor alimentar e o rendimento anual de arbustos e árvores forrageiras (Joshi,1989). Mais de 500 espécies de árvores forrageiras estão disponíveis em diferentes zonas agro-ecológicas do país. Existe tecnologia disponível para a produção de forragem no país. O cultivo de árvores forrageiras pode ajudar a mitigar a escassez de alimentos durante o inverno. Pelo menos 19 espécies de árvores forrageiras foram identificadas com as suas práticas de gestão com protocolo de corte pela investigação e desenvolvimento de espécies forrageiras (FAO, 2012). Mais de 50% do fornecimento total de forragem provém de recursos florestais (Kshatri, 2007). As árvores florestais fornecem 1529% (Pande, 1997) das dietas dos animais. Karki e Gold (1992) relataram que a contribuição da floresta é de 17% do fornecimento total de forragem.

2.3 Cenário nacional das árvores forrageiras

Estima-se que as árvores forrageiras (plantadas ou cultivadas naturalmente) e os arbustos fornecem cerca de 41% de MS na alimentação animal (Panday, 1982). As árvores forrageiras estão mesmo disponíveis durante o inverno (novembro a abril), quando há escassez de alimentos para a alimentação dos ruminantes (FAO, 2012). Mais de 250 espécies de árvores forrageiras estão disponíveis em todo o país. O Programa Comunitário de Silvicultura e o Programa de Silvicultura e Pecuária em regime de arrendamento são geridos pelo governo com o apoio de organizações internacionais como o IFARD e a FAO. Estas organizações têm apoiado o aumento e o rejuvenescimento das terras agrícolas. Nos últimos anos, o governo tem planeado promover as espécies forrageiras, incluindo pelo menos 15% de plantação no programa anual de plantação de árvores. Contudo, a tónica tem sido colocada apenas no aumento do número de árvores e não na melhoria da produtividade (Karki e Gold, 1992). Recentemente, o governo do Nepal deu ênfase à promoção das árvores forrageiras e à sua utilização através da introdução da Política de Pastagens de 2011 (DLS, 2011).

No Nepal, cerca de 12% da folhagem das árvores e arbustos forrageiros foi complementada com outras forragens grosseiras para os animais leiteiros. Por família agrícola, há menos de 0,5 ha de terra disponível para as árvores forrageiras per capita. As árvores forrageiras são escassamente plantadas nas terras agrícolas das colinas do Nepal (Kshatri, 2007). No entanto, a importância das árvores forrageiras para a alimentação dos animais é amplamente valorizada. Também a nível nacional, as árvores forrageiras são consideradas prioritárias como fonte de alimentação durante o inverno, que é escasso.

2.4 Espécies populares de árvores forrageiras

As árvores forrageiras são os principais recursos alimentares entre os alimentos disponíveis no Nepal (Poudel e Rashali, 1996). Uma revisão mostra que há mais de 250 espécies forrageiras disponíveis no país (Subba, 2000). A disponibilidade de espécies de árvores forrageiras é afetada pelas diferentes zonas agro-ecológicas. Algumas delas estão amplamente disponíveis em toda a zona agro-ecológica, como o Badahar, uma espécie de árvore caducifólia altamente preferida (Poudel e Rashali, 1996), enquanto outras têm uma distribuição muito limitada, como o Khasru, que só se encontra na montanha. Algumas delas são de utilização polivalente, como o Badahar, e outras são de utilização única. A escolha das culturas forrageiras pelos agricultores varia muito consoante a altitude e os distritos. Foram efectuados alguns estudos para dar prioridade a estas espécies forrageiras, a fim de melhorar a sua utilização pelos animais. Um estudo recente da FAO (2012) selecionou e classificou 19 espécies de árvores forrageiras tendo em conta a produção de biomassa, a composição química e a disponibilidade durante a escassez de alimentos nas colinas e montanhas do Nepal. Além disso, Karki e Gold (1992) selecionaram e classificaram as 10 principais espécies forrageiras com 3 anos de idade com base no crescimento das árvores e na produção de biomassa. Trata-se de *Leucaena leucocephala, Artocarpus lakoocha, Ficus glaberrima, Ficus auriculata, Bahunia pupurea, Premna integrifilia, Ficus semicordata, Bauhinia variegate, Litsea monopetala e Morus alba*. Algumas das árvores forrageiras são específicas do local, como Bhimal (*Grewia optiva*) e Chiuri (*Basia butyrexea*), que estão amplamente disponíveis nas colinas ocidentais do Nepal (Pandey, 2011, Upreti e Upreti, 2013).

2.5 Morfologia, rendimento e seus atributos das árvores forrageiras mais bem classificadas

As árvores forrageiras selecionadas são altas, com ramos extensos. O NARC efectuou um estudo pormenorizado para categorizar a morfologia, o rendimento e outros atributos para documentar o seu potencial de produção nas colinas do Nepal (quadro 4 do apêndice).

Upreti e Shrestha (2012) referem a altura mais elevada para Badahar 12,19 m, Kutmiro 14,87 m e Kabro 9,14 m, enquanto Kshatri (2007) registou 17,2 m para Badahar e 15,3 m para Kabro. Kshatri (2007) referiu que a altitude tinha um efeito significativo na altura das árvores. As árvores de altitude média e baixa eram mais altas do que as de altitude elevada. A copa destas árvores forrageiras, segundo Kshatri 2007, é de 3,8 m em Badahar e de 5,9 m em Kabro.

2.6 Produção de biomassa

A compreensão das caraterísticas das plantas é importante para as árvores forrageiras mais bem classificadas nos diferentes distritos e elevações. Isto deve-se ao facto de as diferentes árvores responderem de forma diferente em determinadas condições climáticas. A produção de biomassa varia muito com a espécie de árvore, a idade, o aspeto e a altitude (Panday 1982, Upreti e Shrestha 2006, Kshatri, 2007). Em termos de produção de biomassa, o Kabro é superior (40,98 kg MS/árvore) a outras duas espécies forrageiras importantes, como o Badar (31,25 kg MS/árvore) e o Kutmiro (26,69 kg MS/árvore). (A relação entre o tamanho das árvores e a produção de massa de forragem das árvores de Badahar, investigada num ensaio de corte durante o inverno de 1991 e 1992, mostrou que o diâmetro à altura do peito dava a melhor previsão da produção de biomassa ($R^2 = 95\%$) (Poudel, 1997). Existe uma relação positiva entre o diâmetro à altura do peito (DBH) e a produção de biomassa forrageira do Badahar. Exemplo: Prevê-se que uma árvore de 40 cm de DAP produza cerca de 186 kg de forragem verde anualmente (Poudel, 1997). Da colheita de forragem dos agricultores de Badahar, 65 por cento são folhas e 35 por cento são galhos. Do total de forragem fresca, cerca de 85% são consumidos pelos búfalos quando alimentados com 10-15 kg/dia, mas 40 kg por dia têm um consumo menor (70%) (Poudel, 1997).

Das 33 árvores forrageiras comuns estudadas no âmbito do inquérito nacional sobre forragens, a Badahar foi a espécie forrageira mais utilizada nos distritos de Jhapa e Sunsari, no Nepal oriental (Upadhyay, 1992). As espécies de árvores forrageiras autóctones do Nepal, se forem cuidadosamente selecionadas e plantadas nos campos dos agricultores, têm potencial para melhorar os pobres povoamentos forrageiros que se encontram habitualmente nas colinas médias (Karki e Gold, 1992). Em geral, os agricultores preferem como árvores forrageiras as espécies com elevado teor de proteínas brutas (PB) e de matéria orgânica (MO), tanto nos seus campos como nas suas florestas (Karki e Gold, 1994). A Badahar foi classificada em primeiro lugar como a melhor árvore forrageira do Nepal, em termos de palatabilidade, nutrição e preferência dos agricultores. O Badahar foi significativo na percentagem de gordura (P<0,01) e no teor de TS do leite (P<0,05) (Rana e Amatya, 2001).

2.7 Composição química

A composição química das espécies de árvores forrageiras tem sido efectuada desde há 30 anos pela Secção de Nutrição Animal, Khumaltar e Pakhribash Agriculture Centar (PAC) Dhankuta e IAAS/TU Rampur no Nepal. O trabalho de (Subba, 1998) centrou-se nas forragens produzidas nas colinas e montanhas do leste do Nepal. Os trabalhos efectuados no PAC avaliaram ainda a variação sazonal da composição química das árvores forrageiras e das espécies forrageiras disponíveis nas colinas e montanhas do Nepal. Upreti e Shrestha (2006) apresentaram a composição química de 318 espécies de árvores forrageiras disponíveis na zona agro-ecológica do Terai, das colinas e das montanhas do país. Jha *et al.* (1989) registaram a variação da composição química das principais espécies de árvores forrageiras disponíveis na exploração IAAS. O trabalho incluiu o relatório analítico dos constituintes proximais, ou seja, MS, PC, EE, NDF, ADF e alguns polifenólicos como o tanino e a ADL. A energia bruta nas folhas de forragem varia de 3,9 a 5,2 Mcal/kgDM (Shaheen, 2005). O teor de PB e a digestibilidade das folhas das árvores forrageiras diminuem com a maturidade, especialmente no caule. Em comparação com o caule, as folhas têm um valor nutritivo mais elevado e foram menos afectadas pela variação sazonal (Khanal e Subba 2001, Ammar, 2004). O teor de PB da árvore forrageira selecionada é mais elevado em Kutmiro (15,32%), seguido de Badahar (13,43%) e Kabro (12,05%) (Subba, 1998, Harrison, 1989, Wood *et al.*, 1994, Mahato *et al.*, 1989, Upreti e Shrestha 2006). O consumo voluntário de alimentos (VFI) é influenciado em grande medida pelo teor de proteína bruta da dieta. O teor de proteínas das forragens tropicais é geralmente baixo

(French, 1957; Bredon e Horrell, 1961; Butterworth, 1967). O teor de proteínas diminui rapidamente com o crescimento e atinge um nível baixo antes da floração. Durante a estação seca, os níveis de proteína bruta caem para níveis críticos muito baixos, mesmo abaixo de 7% na matéria seca (Devendra, 1991). Estas informações revelaram que existe uma variação na composição química, como PC, EE, NDF, ADF, com diferentes espécies de árvores forrageiras selecionadas.

2.7.1 Variação sazonal da composição dos nutrientes

Estudos efectuados nas colinas orientais por (Subba, 1998) e (Subba & Tamang, 1990) indicaram que a composição dos nutrientes varia consoante as estações do ano (Quadro 6 do Apêndice). Subba & Tamang (1990) referem que os meses sazonais afectam a composição química das espécies de árvores forrageiras. Badahar e Kutmiro registaram um teor mais elevado de MS, 38,0% e 41,9% respetivamente, durante a estação da primavera, mas o teor de MS de Kabro é mais elevado na estação das monções, 32,8%. No caso do teor de PC, as três espécies forrageiras, como Badahar (14,2%), Kutmiro (14,3%) e Kabro (13,8%), registaram um teor de PC mais elevado durante o inverno. O extrato etéreo das espécies de árvores forrageiras selecionadas, como Badahar (2,7%), Kutmiro (3,7%) e Kabro (2,9%), foi mais elevado na primavera do que nas outras estações (Quadro 6 do Apêndice).

2.7.2 Polifenólicos (ADL, tanino e nitrato)

Os compostos fenólicos, que incluem a lenhina e o tanino, são quantitativamente os compostos vegetais secundários mais importantes nos alimentos para animais. São considerados como um índice negativo de qualidade, uma vez que reduzem o desempenho animal ao limitarem a ingestão de alimentos e a disponibilidade de nutrientes. O estudo destes parâmetros (ADL, tanino e nitrato) será útil para uma alimentação segura dos animais. Além disso, estas informações serão úteis para determinar o mês de corte da forragem e as práticas de gestão das árvores (FAO, 2012).

2.7.2.1 Lignina

A lenhina é o principal fator que provoca uma diminuição da digestibilidade das células vegetais com a maturidade. Reduz a digestibilidade dos hidratos de carbono da parede celular (principalmente hemiceluloses e celulose) com os quais se encontra ligada. A lenhina bruta representa a agregação colectiva de componentes não hidratos de carbono da parede celular que são insolúveis em ácido sulfúrico 12 M (Van Soest, 1985). A lenhina tem um interesse particular na alimentação animal devido à sua elevada resistência à degradação química. A incrustação física da fibra vegetal pela lenhina torna-a inacessível às enzimas que normalmente a digerem (McDonald, 2002). O mecanismo da lenhina é complexo e curvilíneo por natureza (Jung e Vogel, 1986) e é o elemento-chave para a digestão da parede celular (Jung e Allen, 1995).

2.7.2.2 Tanino

O tanino, como equivalente de ácido galotânico, é analisado titrimetricamente pelo processo de oxidação de permanganato de Lowenthal (Harold, *et al* 1988). O ácido galotânico foi quantificado porque os fenóis totais têm um efeito maior (r=0,995) na capacidade de precipitação das proteínas. Dawra *et al.* (1988) sugerem que os taninos hidrolisáveis são os agentes responsáveis pelos efeitos adversos das forragens de árvores ricas em taninos. As árvores forrageiras com um determinado teor de taninos são úteis como fonte de proteínas de transição, mas um teor mais elevado não seria útil para a alimentação animal. O teor de tanino varia consoante a altura da colheita da forragem e a idade das folhas (Shrestha e Tiwari, 1991). Os taninos reduzem significativamente (P<0,05) a degradabilidade efectiva da MS e da proteína bruta no rúmen (Kanga'ra, 1993). A elevada percentagem de taninos na dieta animal não é benéfica para o desempenho animal.

2.7.2.3 Nitrato

Os nitratos são omnipresentes em muitas plantas, incluindo os cereais comuns das árvores forrageiras, que resultam em envenenamento por nitratos nos ruminantes se ingeridos em quantidade suficiente (Knight *et al.*, 2008). O nitrato em si não é tóxico para o gado, mas torna-se tóxico quando reduzido a nitrito. A acumulação de nitratos nas forragens pode variar consoante a variabilidade genética na absorção de nitratos por uma planta. O agricultor deve selecionar uma forragem específica para a alimentação, tendo em conta o teor de nitratos da cultura forrageira, o que pode provocar problemas de saúde nos animais leiteiros (Sidhu *et al.*, 2011). A taxa de conversão do nitrato em nitrito altamente tóxico depende da taxa de adaptação dos microrganismos do rúmen ao nitrato, da taxa e da quantidade de nitrato ingerido e da quantidade de hidratos de carbono disponíveis no rúmen. A morte súbita, o aborto, a diminuição da produção de leite, a interferência na conversão de caroteno em vitamina A e a diminuição das taxas de crescimento têm sido atribuídas à toxicidade do nitrato (Knight *et al.*, 2008). O envenenamento agudo por nitratos ocorre mais frequentemente em bovinos quando o nitrato da forragem excede 10 000 ppm (1%) numa base de matéria seca. As forragens que contêm menos de 5000 ppm são geralmente consideradas seguras para todas as classes de gado, ao passo que as concentrações na gama de 5000 a 10 000 ppm não devem ser dadas a vacas grávidas (Knight *et al.*, 2008).

O teste da difenilamina (DFT) pode ser utilizado no campo como um indicador qualitativo para testar se a forragem em causa tem ou não níveis de nitratos potencialmente perigosos. Como teste de campo para a deteção de nitratos e nitritos, oferece a vantagem da rapidez e da simplicidade. Uma amostra de forragem que não apresente qualquer alteração de cor no teste de campo da difenilamina tem níveis mínimos de nitratos ou nitritos e não é perigosa para qualquer classe de gado. As amostras que desenvolvem uma coloração preta menos azulada ao longo de mais de 5 segundos (reação 1+,2+,3+) contêm um nível de nitratos inferior a 1% e devem ser submetidas a testes quantitativos, especialmente se a forragem se destinar a animais prenhes, em que o feto em desenvolvimento é muito suscetível à toxicidade dos nitratos.

As rações e as forragens são um dos principais factores de produção da pecuária, representando cerca de 65% do custo total de produção. Entre os recursos alimentares, as árvores forrageiras são a principal fonte dos ingredientes necessários para os ruminantes. Os recursos forrageiros diferem em termos de nível de produção, teor de nutrientes, palatabilidade, disponibilidade sazonal e teor de polifenóis. A preferência, tanto dos animais como dos agricultores, difere consoante as espécies forrageiras.

Tendo em conta a zona agro-ecológica do país, podem ser cultivadas várias espécies de árvores forrageiras em todo o país. As árvores forrageiras são utilizadas para satisfazer as necessidades do animal como dietas suplementares e não podem ser utilizadas como dietas únicas para o animal ruminante de alta produção. No entanto, existe uma grande variedade de escolha para selecionar as espécies forrageiras devido à sua grande diversidade e podem ser alimentadas com segurança ao gado durante o inverno rigoroso, quando há um grande défice na disponibilidade de alimentos. Em conclusão, existem espécies forrageiras de alto rendimento nas colinas do Nepal e podem ser cultivadas para atenuar a escassez de alimentos durante o inverno.

3. Metodologia

3.1 Organização do estudo

O estudo consistiu em duas partes principais. A primeira parte tratava da situação socioeconómica dos agricultores selecionados com base nas árvores forrageiras mais comuns e na sua classificação, ao passo que a segunda parte consistia na estimativa do rendimento forrageiro, na determinação da composição química e do teor de nitratos das árvores forrageiras mais populares e mais bem classificadas, que foram organizadas em tratamentos.

3.2 Locais experimentais e duração do estudo

O estudo foi realizado nos distritos de Tanahun, Dhading, Dolakha e Sindhupalchok de 15 de junho de[th] , 2012 a 20 de dezembro de[th] , 2012. Foram selecionados três locais específicos em cada distrito para um estudo pormenorizado. Foram eles Kotre Bazaar, Baniyatar e Chhimkeswari de Tanahun; Khatritar, Dambardanda e Tersepani de Dhading; Vimtar, Harae e Chilaunae de Sindhupalchowk e Biruwa, Katakuti e Darmedandagaun do distrito de Dolakha (Figura 1).

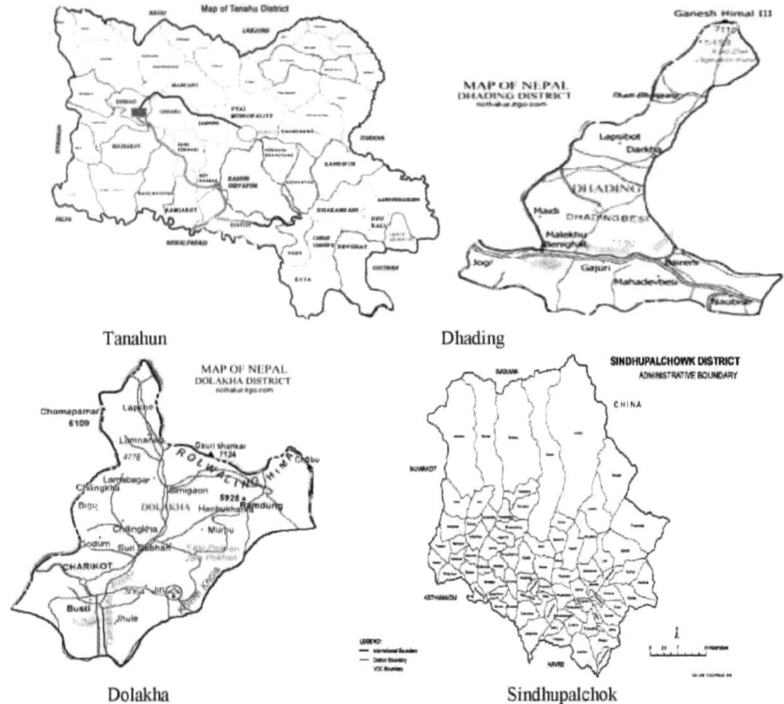

Figure 1. Map of districts indicating the study sites

3.3 Estatuto socioeconómico

Foram selecionados aleatoriamente cem agricultores, abrangendo todos os distritos. Foi elaborado um questionário para conhecer os principais recursos (terra, floresta), bem como o tamanho da família, o efetivo pecuário e as principais árvores forrageiras. A classificação das árvores forrageiras foi efectuada em quatro distritos, em 3 locais de cada distrito. Entre as dez espécies de árvores forrageiras mais comuns, foram selecionadas as três primeiras espécies de árvores forrageiras para um estudo detalhado em termos de biomassa, composição química e conteúdo polifenólico (nível de nitratos).

3.4 Critérios de seleção

As espécies de árvores forrageiras disponíveis nos terrenos agrícolas foram selecionadas e classificadas através da adoção de um procedimento normalizado. Assim, foi utilizado um total de 11 parâmetros diferentes, incluindo o parâmetro sugerido pelos agricultores para preparar o índice de seleção para a classificação das árvores forrageiras. They were (1) biomass production of the fodder trees species, (2) nutrient content, (3) available duration , (4) availability of fodder tree species during scarce period, (5) palatability of the fodder tree species, (6) adverse effect on animal health with feeding fodder trees (i.(7) segurança da alimentação animal em termos de teor de polifenóis, (8) preferência, (9) infestação por insectos, (10) infestação por doenças e (11) disponibilidade em diferentes cinturas ecológicas. A pontuação foi de 1 (melhor) a 4 (mais baixa). Foram selecionados aleatoriamente 100 agricultores, abrangendo os 4 distritos. O estudo avaliou um total de 19 espécies de árvores forrageiras (Quadro 2 do Apêndice) e classificou as dez melhores espécies (Quadro 3 do Apêndice). Do total das 10 espécies classificadas, apenas as três primeiras espécies forrageiras foram estudadas em pormenor quanto à produção de biomassa, composição química e teor polifenólico (nitrato). Os pormenores dos critérios de seleção utilizados são descritos no (quadro 1 do apêndice).

3.5 Estimativa do rendimento e da idade da biomassa da folhagem das árvores forrageiras

A produção anual de biomassa comestível (DM) (kg/árvore) foi estimada através do corte da árvore. A parte comestível foi considerada como sendo os pequenos ramos com folhas. As árvores de amostra foram cortadas e a produção de forragem foi registada imediatamente após a colheita da folhagem da árvore em matéria fresca, depois de medidos os ramos maiores do que o tamanho de um lápis. A idade das árvores forrageiras foi estimada com base no relatório do proprietário e na resposta dos agricultores com mais de 60 anos de idade, na qualidade de testemunhas; não havia registos disponíveis sobre a data de plantação das árvores.

3.6 Conceção experimental

Foi utilizada uma combinação fatorial 3×3 de RCBD, considerando a idade e a espécie da árvore forrageira como tratamentos e os quatro distritos como réplicas. Assim, foram combinadas três categorias de idades (3-6 anos, 7-10 anos e 11-14 anos) com três espécies forrageiras (Badahar, Kutmiro e Kabro). As espécies forrageiras foram identificadas com base nos resultados do estudo socioeconómico e com base na identificação das espécies de árvores forrageiras mais bem classificadas.

Por conseguinte, a combinação de tratamentos foi a seguinte:

Símbolo	Tratamentos
T1	Badahar grupo etário 3-6 anos
T2	Badahar grupo etário 7-10 anos
T3	Badahar grupo etário 11-14 anos
T4	Kutmiro grupo etário 3-6 anos
T5	Kutmiro grupo etário 7-10 anos
T6	Kutmiro grupo etário 11-14 anos
T7	Kabro grupo etário 3-6 anos
T8	Kabro grupo etário 7-10 anos
T9	Kabro grupo etário 11-14 anos

3.7 Procedimento de recolha de amostras

As amostras de folhas foram recolhidas no meio da copa e nos quatro lados da copa de uma determinada árvore. Foram recolhidas amostras de folhas frescas, pesando 300 g, de cada uma das espécies de árvores forrageiras. As amostras recolhidas foram pesadas quando frescas (biomassa verde), colocadas em sacos de plástico ziploc e levadas para o laboratório para análise.

3.8 Composição química

As três principais espécies de árvores forrageiras selecionadas, nomeadamente Badahar (*Artocarpus lakoocha*), Kutmiro (*Litsea polyantha*) e Kabro (*Ficus lacor*), foram utilizadas para a análise de proximidade, seguindo o procedimento sugerido pela Associação das Comunidades Analíticas (AOAC, 1980) na Divisão de Nutrição Animal, Khumaltar.

3.8.1 Determinação da matéria seca

As amostras foram secas a 100 °C durante 24 horas numa estufa de ar quente e a matéria seca foi calculada por

$$\% \, DM = \frac{Dry \, weight}{Dry \, weight\text{-}Wet \, weight} \times 100$$

$$\% Moisture = \frac{Wet \, weight\text{-}Dry \, weight}{Wet \, weight} \times 100$$

3.8.2 Estimativa de energia

Os valores da energia bruta (EB) da folhagem foram estimados através da ignição de 1 g de amostra seca utilizando um calorímetro de bomba. A amostra moída de 1g foi colocada dentro do calorímetro de bomba e foi inflamada para libertar a energia disponível na amostra de forragem. A temperatura inicial foi registada e, após o funcionamento do agitador durante 5 minutos, a temperatura final também foi registada. A diferença entre as temperaturas inicial e final foi determinada e o conteúdo energético da amostra de forragem foi calculado.

3.8.3 Determinação de proteínas

O método Kjeldhal foi utilizado para determinar o primeiro teor de azoto da amostra de alimentos para animais. Utilizou-se 0,5 g de amostra moída para estimar o teor de proteínas. A amostra foi digerida por adição da mistura de Na_2SO_4 e $CUSO_4$ com 25 ml de con. H_2SO_4 (98%). A amostra digerida foi destilada com 10 ml de NaOH (40%) e depois titulada com 0,03 N de H_2SO_4.

A percentagem de azoto (N) de uma amostra de alimento para animais foi multiplicada pelo fator 6,25 porque a proteína média contém 16% de azoto e a proteína total (PT) foi determinada por;

$$\% \, CP = \frac{Units \, of \, N}{Dry \, weight \, of \, sample} \times 100$$

3.8.4 Extrato etéreo ou determinação da gordura

As substâncias solúveis em éter foram determinadas submetendo 1g de amostra moída a 2/3 de benzeno de petróleo em soxhlet. O processo de destilação foi efectuado durante

7 horas. O éter foi evaporado e o extrato foi pesado. O extrato etéreo foi determinado utilizando a seguinte fórmula:

$$\% \, EE = \frac{Weight\ EE}{Dry\ weight\ of\ sample} \times 100$$

3.8.5 Fibra em detergente neutro (FDN)

O teor de FDN da amostra de forragem foi determinado tomando 1 g de amostra moída, que foi sujeita a 100 ml de solução de FDN constituída por 150 g de lauril sulfato de sódio, 93,1 g de sal dissódico de EDTA, 34,1 g de tetra borato dissódico deca-hidratado (Borex) e 28,54 g de hidrogenofosfato de sódio. Em seguida, a amostra foi fervida e mantida a quente durante 1 hora num extrator de fibras e, depois disso, foi filtrada numa bomba de sucção e mantida durante 24 horas na estufa (100 °C). Finalmente, os cadinhos com as amostras foram incinerados no forno (500 °C) durante 2-3 horas. Em seguida, a amostra foi transferida para um decantador durante ½ hora e o peso da amostra foi medido para determinar o NDF.

3.8.6 Fibra em detergente ácido (ADF)

O teor de ADF da amostra de forragem foi determinado tomando 1g de amostra moída, que foi submetida a 100ml de solução de ADF constituída por 100g de CTAB, e

H2SO4 (1N). Em seguida, a amostra foi fervida e mantida a quente durante 1 hora no extrator de fibras e, depois disso, foi filtrada numa bomba de sucção e mantida durante 24 horas na estufa (100 °C). Depois disso, a amostra seca foi transferida para um decantador durante ½ hora e o peso da amostra foi tomado para determinar o ADF.

3.6.1 Lenhina em detergente ácido (ADL)

O teor de ADL da amostra de forragem foi determinado utilizando a amostra de ADF. A amostra foi tratada com 20 ml de H2SO4 (72%) e deixada a digerir durante 3 horas. Em seguida, foi filtrada numa bomba de sucção e mantida durante 24 horas na estufa (100 °C). Finalmente, os cadinhos com as amostras foram incinerados no forno (500 °C) durante 2-3 horas. Depois disso, a amostra foi transferida para um decantador durante ½ hora e o peso da amostra foi tomado para determinar a ADL.

3.6.2 Determinação do cálcio (Ca)

O teor de Ca da amostra de forragem foi determinado tomando 1g de amostra seca, que foi incinerada a 500°c, após o que foram adicionados 10ml de HCl puro e 30ml de água. Em seguida, ferveu-se durante meia hora e filtrou-se para obter um volume de 100 ml. Em seguida, foram adicionadas 3 gotas (0,2%) de indicador vermelho de metilo, 5 ml (3%) de oxalato de amónio e 2-4 g de ureia, que foram fervidos até a cor mudar. A amostra foi filtrada com papel de filtro (42N) e depois lavada 7-8 vezes com solução de amoníaco. A amostra, juntamente com o papel de filtro, foi mantida num copo e foram adicionados 50 ml de H2SO4 fervido (1:24). Em seguida, a amostra foi titulada com 0,004N de KMnO4.

3.9 Teste de nitratos

Foi utilizado um teste de campo rápido com o teste de campo da difenilamina (DFT) para detetar nitratos nas espécies de árvores forrageiras selecionadas como indicador qualitativo para saber se as folhas das árvores forrageiras de interesse, ou seja, as espécies de árvores forrageiras selecionadas e classificadas, tinham níveis de nitratos potencialmente perigosos. A tabela de cores (Figura 2) desenvolvida por (Knight *et al.,* 2008) foi utilizada para fazer corresponder a cor desenvolvida no espaço aberto de corte (corte oblíquo de 45^0 de ângulo) de galhos de forragem (amostra de 8 cm de medida circular) em 5 segundos.

Pontuação atribuída com base na intensidade da cor azul que se desenvolveu no espaço de 5 segundos, de acordo com a seguinte pontuação (Knight *et al.,* 2008)

1+: Desenvolvimento de cor azul clara no espaço de 5 segundos

2+: Desenvolvimento intenso de cor azul-preta no espaço de 5 segundos

3+: Desenvolvimento mais intenso da cor azul-preta em 5 segundos

4+: Desenvolvimento muito intenso de cor azul-escuro-preto em 5 segundos

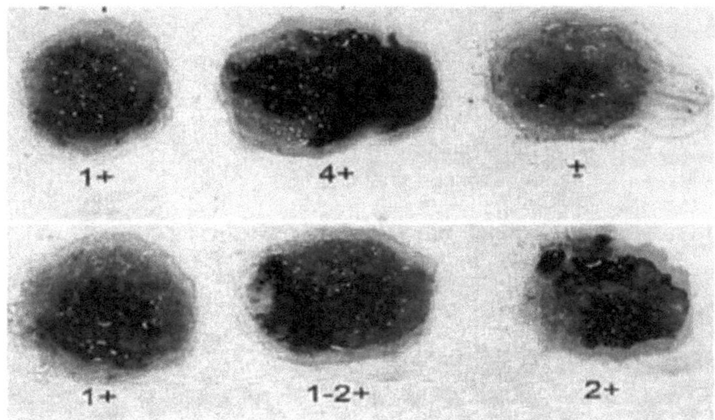

Figura 2. Gráfico colorido que indica a concentração do nível de nitratos na amostra de alimentos para animais (Knight *et al.*, 2008)

3.9.1 Procedimento para a determinação de nitratos

O reagente para o teste da difenilamina foi preparado dissolvendo 0,5 g de sal de difenilamina em 20 ml de água destilada e aumentando o volume total para 100 ml com a adição de ácido sulfúrico conc. Colocou-se uma única gota deste reagente no tecido interior recém-cortado do caule da planta forrageira selecionada. O desenvolvimento da cor azul-preta em 5 segundos indica a presença de nitrato. Em função da velocidade e da intensidade do desenvolvimento da cor, de azul-claro a azul-preto, o tempo e a intensidade da cor da reação podem ser classificados em 1+, 2+, 3+ e 4+, sendo que 4+ significa uma coloração azul-preta intensa <5 segundos. As amostras que desenvolvem uma coloração azul-preta menos intensa durante mais de 5 segundos (reação 1+,2+,3+), contêm um nível de nitrato ligeiramente inferior a um por cento (Knight *et al.*,2008). A pontuação atribuída foi pontuada da seguinte forma;

1+ : desenvolvimento de cor azul clara em 5 segundos

2+ : desenvolvimento intenso de cor azul-preta em 5 segundos

3+ : desenvolvimento mais intenso da cor azul-preta no espaço de 5 segundos

4+ : desenvolvimento muito intenso de cor azul-escura -preta em 5 segundos

3.10 Análise estatística

Todos os dados recolhidos foram submetidos a uma análise estatística. A ANOVA foi utilizada para testar os dados recolhidos. Os dados foram analisados através da comparação das médias dos tratamentos utilizando LSD (P<0,05). O software estatístico Genstat discovery (4) edition foi utilizado para analisar os dados.

4. Resultados e discussão

4.1 Caraterísticas socioeconómicas dos agricultores

Esta secção descreve as caraterísticas socioeconómicas de agregados familiares selecionados aleatoriamente nos distritos de Tanahun, Dhading, Dolakha e Sindhupalchok. Os principais subcapítulos desta secção incluem a estrutura familiar, a propriedade fundiária, a população animal e a composição do efetivo.

4.1.1 Estrutura familiar

Os resultados revelaram uma situação semelhante de partilha para a população familiar (23 a 25 por cento) nos quatro distritos dos locais de estudo. Além disso, a proporção de homens e mulheres (16 a 17 por cento) também foi semelhante, indicando que ambos os sexos estavam igualmente envolvidos na gestão das forragens (Quadro 1). Este resultado indicou que a disponibilidade de mão de obra adulta é suficientemente boa para gerir e colher as espécies de árvores forrageiras nos distritos do estudo. Um resultado semelhante foi relatado pelo estudo da FAO (2012) nestes distritos. No entanto, Upreti (2010) registou um rácio masculino mais elevado nos distritos estudados.

Tabela 1. Estrutura familiar dos agregados familiares dos inquiridos nos locais de estudo (n=100)

Distritos	Homem adulto	Mulher adulta	Rapaz	Raparigas	Total	% de quota
Tanahun	29	29	19	17	94	23.90
Dhading	32	34	15	18	99	25.20
Dolakha	36	36	13	16	101	25.70
Sindhupalchok	34	30	18	17	99	25.20
Total	131	129	65	68	393	100.00
Quota percentual	33.30	32.80	16.50	17.30	100.00	

Fonte: Inquérito, 2012

4.1.2 Exploração de terras

Os resultados mostraram que entre a terra total disponível, a maioria foi ocupada por Bari e Khar Bari (71%) indicando o potencial de plantação de árvores forrageiras, em tal tipo de terra particularmente, em Khar bari, nos locais de estudo (Tabela 2). Com esta realidade, o Programa Florestal e Pecuário de Arrendamento está a promover a forragem mesmo nas terras privadas nas principais colinas médias do país (FAO, 2012). Esta descoberta também destacou o alcance das árvores forrageiras nas colinas.

Quadro 2. A dimensão média da propriedade fundiária (ha/agregado) de um agregado familiar nos locais de estudo

(n=100)

Distritos	Khet	Bari	Kharbari	Total	% de quota
Tanahun	0.21	0.67	0.41	1.30	50.70
Dhading	0.15	0.05	0.15	0.35	13.60
Dolakha	0.17	0.16	0.13	0.47	18.30
Sindhupalchok	0.17	0.15	0.12	0.45	17.40
Total	0.72	1.04	0.81	2.58	100.00
Percentagem de quota	27.90	40.40	31.60	100.00	

Fonte: Inquérito, 2012

4.1.3 População animal e composição dos efectivos

As conclusões deste estudo mostraram que a percentagem da população animal variava entre 22 e 37% nos distritos estudados (Quadro 3). A distribuição das espécies animais em todos os distritos estudados (Figura 3) foi revelada com a maior população de todas as categorias de ruminantes em Tanahun. As populações adultas em todos os distritos são também mais elevadas do que as jovens. Esta situação indica a necessidade de mais plantações de forragem para apoiar o gado e as suas necessidades. A média de UA por exploração doméstica foi de 4,97 e as necessidades anuais de TDN para UA por exploração doméstica foram de 5.525,03 kg. Isto mostra a quantidade inadequada de TDN para satisfazer as necessidades.

Tabela 3. População animal e composição dos efectivos dos locais de estudo (n=100)

Distritos	Gado		Búfalo		Cabras		Total	% de quota	Animal Unidade (UA)	TDN (kg)
	Adulto	Jovem	Adulto	Jovem	Adulto	Jovem				
Tanahun	2.94	2.18	1.61	1.63	5.84	4.38	18.58	37.40	6.04	6704.22
Dhading	1.33	1.00	1.25	1.00	1.33	1.00	6.91	13.90	3.93	4368.07
Dolakha	1.85	1.00	1.50	1.00	3.91	2.00	11.26	22.60	4.61	5126.36
Sindhupalchok	2.00	1.50	2.00	1.50	3.50	2.50	13.00	26.10	5.31	5901.50
Total	8.12	5.68	6.36	5.13	14.58	9.88	49.76	100.00		22100.10
Quota percentual	16.30	11.40	12.80	10.30	29.30	19.90	100.0			

Nota: (1) Unidade animal (UA) = 300 kg de peso vivo - 1, (2) TDN médio necessário = 5525,03 por ano por UA. Fonte: Inquérito, 2012

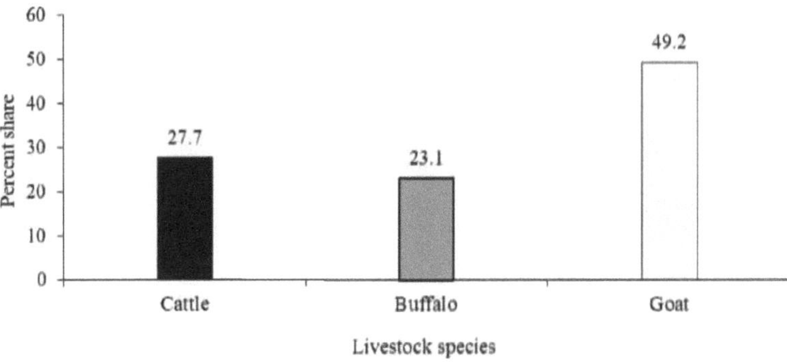

Figura 3. Estado das espécies pecuárias nos locais de estudo

4. 2Árvores forrageiras selecionadas   e classificadas

Em primeiro lugar, as dez espécies de árvores forrageiras foram classificadas tendo em conta a preferência dos agricultores. As espécies de árvores forrageiras selecionadas foram classificadas de 1,08 (*Artocarpus lakoocha*) a 1,54 (*Premna spp*): *Litsea polyantha, Ficus infectoria, Quercus semecarpifolia, Leucoceptrum canum, Grewia*

31

tiliaefolia, Ficus clavata, Ficus cunia, Quercus glauca e *Premna bengalensis* (Anexo Tabela 3).

Como revelam os resultados deste estudo, a Badahar é a espécie de topo entre as espécies selecionadas e as melhores espécies possíveis identificadas entre as árvores forrageiras disponíveis. Da mesma forma, Kutmiro ficou em segundo lugar e Kabro em terceiro. Os critérios utilizados para esta seleção são descritos no Anexo 1. Um critério semelhante foi também utilizado por (Ghimire *et al.*, 2011) para classificar as árvores forrageiras e teve uma compreensão relativamente boa na classificação das espécies.

A adaptação do índice de seleção ajuda a compreender todos os parâmetros nutricionais de uma determinada árvore forrageira e a avaliar o seu potencial para a alimentação dos ruminantes.

4. 3Produção de biomassa

A produção de biomassa das árvores forrageiras (kg MS/árvore) diferiu significativamente (P<0,05) entre as espécies forrageiras estudadas, sem considerar a idade. Assim, Kabro teve o maior rendimento de biomassa (31,70 kg MS), seguido de Badahar (26,80 kg MS/árvore) e Kutmiro (23,80 kg MS/árvore) (Tabela 4). A produção de biomassa (kg MS/árvore) registada neste estudo é inferior à relatada pela (FAO, 2012). Upreti e Shrestha (2006) referiram que o rendimento difere consoante as espécies, como Badahar (31,25 kg MS/árvore), Kutmiro (26,69 kg MS/árvore) e Kabro (40,98 kg MS/árvore). Pande (1994) e Panday (1982) também relataram uma maior variação no rendimento de Badahar, como registado nos mesmos distritos deste estudo. Mesmo com o mesmo local e distrito, o rendimento pode variar devido à variação no tamanho da árvore e com a idade das espécies de árvores do estudo. Esta constatação apoia essa variação.

Tabela 4. Produção de bio massa de espécies de árvores forrageiras selecionadas, independentemente da idade

Tratamentos (espécies forrageiras)	Rendimento/árvore (kg MS/árvore)

Badahar	26.80[a]
Kutmiro	23.80[a]
Kabro	31.70[b]
SEM ±	1.78
Valor P	0.009
LSD(nível 0,05)	4.99
CV %	38.90

LSD=Diferença menos significativa, CV=Coeficiente de variação, e SEM=Erro padrão da média

A produção de biomassa da árvore forrageira classificada variou significativamente (P<0,05) em função da idade, mas não em função da espécie forrageira. A tendência da produção de biomassa foi tal que aumentou com o avanço da idade e vice-versa (Tabela 5). O primeiro grupo etário (3 a 6 anos) produziu 20,8 kg de MS por árvore, seguido do grupo 2 (7-10 anos; 27,3 kg de MS por árvore) e do grupo 3 (11-14 anos; 34,2 kg de MS por árvore) por corte. Com o aumento da idade, a produção de biomassa foi em ordem crescente, possivelmente devido ao aumento do número de ramos e a outras caraterísticas morfológicas (tamanho e altura da árvore).

Tabela 5. Produção de biomassa (kg MS por árvore) de espécies de árvores forrageiras selecionadas por idade sem considerar as espécies

Tratamentos (Idade)	Rendimento/árvore (kg MS/árvore)
1(3-6 anos)	20.80[a]
2(7-10 anos)	27.30[b]
3(11-14 anos)	34.20[c]
SEM ±	1.78
Valor P	<.001
LSD(nível 0,05)	4.99

CV %   38.90

A produção de biomassa das árvores forrageiras permaneceu estatisticamente semelhante (P>0,05) quando a combinação de tratamentos foi considerada em termos de diferentes grupos etários e espécies de árvores populares. A produção de biomassa variou de 14 kg de MS/árvore Kutmiro de idade 1 (3-6 anos) a 38 kg de MS/árvore Kabro de idade 3 (11-14 anos). A tendência da produção de biomassa foi tal que aumentou à medida que a idade da espécie avançava e vice-versa para todas as árvores forrageiras consideradas no estudo (Quadro 6).

Tabela 6. Produção de biomassa (kg MS/árvore) de espécies de árvores forrageiras selecionadas, tendo em conta a espécie e a idade

Tratamentos	Rendimento/árvore(kg DM/árvore)
Badahar ×Idade 1 (3-6 anos)	20.30
Badahar × Idade2 (7-10 anos)	25.90
Badahar × Idade3 (11-14 anos)	34.30
Kutmiro × Idade1 (3-6 anos)	14.60
Kutmiro ×Idade2 (7-10 anos)	27.10
Kutmiro ×Idade3 (11-14 anos)	29.70
Kabro ×Idade 1 (3-6 anos)	27.60
Kabro × Idade2 (7-10 anos)	28.80
Kabro × Idade3 (11-14 anos)	38.60
SEM ±	3.08
Valor P	NS
LSD(nível 0,05)	8.65
CV%	38.90

4.4 Composição química de espécies de árvores forrageiras selecionadas

Os valores médios das composições químicas em diferentes árvores forrageiras selecionadas são apresentados no Quadro 7.

4.4.1 Composição em nutrientes de espécies arbóreas forrageiras selecionadas

Energia

O conteúdo energético médio da árvore forrageira diferiu significativamente (P<0,001) entre os tratamentos considerando as espécies de árvores forrageiras. O conteúdo energético variou de 3830 kcal a 4286 kcal por kg de árvore forrageira (MS). Assim, o Kutmiro tinha melhor conteúdo energético (4286 kcal/kg) em comparação com o Kabro (3955 kcal/kg) e o Badahar (3830 kcal/kg) (Tabela 7). Ibrahim *et al.* (2008) relataram que o conteúdo energético em Badahar poderia ser 0,82 ME M cal por kg de forragem (DM), que é maior do que o valor relatado neste estudo. Da mesma forma, Kabro registou um valor elevado de EM de 0,62 EM por kg de forragem (DM) do que o valor registado neste estudo (Ibrahim *et al.*, 2008). O estudo indicou que as árvores forrageiras selecionadas são uma boa fonte de energia para o gado.

Tabela 7. Composição química das espécies de árvores forrageiras selecionadas em função da sua idade

Tratamentos (espécies forrageiras)	Matéria seca (%)	Composição dos nutrientes			Fração de fibra (%)			Composição mineral (%)	
		Energia (kcal/kg)	CP%	EE %	NDF	ADF	ADL	TA	Ca
Badahar	94.22	3830[a]	12.48[a]	1.64[a]	55.29[a]	49.75[a]	24.76[a]	11.07[a]	2.47[a]
Kutmiro	94.31	4286[b]	11.27[ab]	1.91[ab]	71.90[b]	68.47[b]	46.94[b]	7.45[b]	3.56[b]
Kabro	94.01	3955[a]	10.34[b]	2.09[b]	67.35[c]	62.66[c]	32.53[c]	11.92[c]	2.60[a]

SEM ±	0.41	83.70	0.52	0.12	1.02	1.15	1.22	0.26	0.17
Valor P	NS	<.001	0.017	0.036	<.001	<.001	<.001	<.001	<.001
LSD(nível 0,05)	1.16	235.00	1.46	0.34	2.87	3.25	3.44	0.72	0.47
CV%	2.70	12.50	27.60	38.60	9.50	11.50	21.20	7.40	35.50

LSD=Diferença mínima significativa, CV=Coeficiente de variação, SEM=Erro padrão da média, e NS=Não significativo

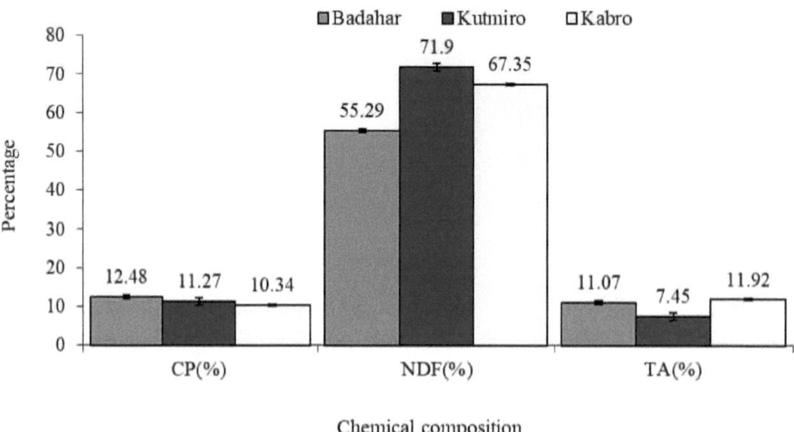

Figura 4. Composição química das espécies de árvores forrageiras selecionadas

Proteína bruta (PC)

O nível de proteínas na árvore forrageira foi o parâmetro seguinte medido para a avaliação da qualidade da forragem, pelo que as espécies de árvores forrageiras selecionadas e classificadas foram avaliadas em função do teor de proteínas. O teor médio de proteínas da árvore forrageira diferiu significativamente (P<0,05) entre os tratamentos considerando as espécies de árvores forrageiras. O teor de proteínas variou entre 10,34% e 11,27%. Consequentemente, Badahar teve o maior teor de PC (12,48%) seguido por Kutmiro (11,27%) e Kabro (10,34%) (Tabela 7) (Figura 4). O teor de PB na árvore forrageira selecionada e classificada apoiou a linha do índice de seleção. O teor de PB destas três árvores forrageiras era mais elevado: Badahar (13,43 %), Kutmiro (15,32 %) e Kabro (12,05 %), tal como referido por (Upreti e Shrestha, 2006). Subba (1995) registou teores de PC ainda mais elevados, como 15,80% para Badahar e 16,8% para Kutmiro. Além disso, Panday (1982) registou um teor de PC mais elevado, como 15,67% para Badahar, 16,69% para Kutmiro e 13,76% para Kabro. Vários outros estudos revelaram também que o teor de PC nas árvores forrageiras pode variar muito, o que pode dever-se a diferenças de espécie, altura do corte, estação do corte, etc. (Subba, 1998). Categoricamente, o teor de PC nestas árvores forrageiras selecionadas é moderado (10,01 a 19,99%), como sugerido por Upreti e Shrestha (2006). O estádio de maturação das folhas forrageiras é diferente entre as espécies de árvores forrageiras selecionadas, o que pode ser uma das causas das diferenças no teor de PC.

Extractos etéreos (EE)

O extrato etéreo (EE) é o teor de gordura bruta (CF) da forragem. A determinação do EE na forragem ajuda a conhecer o nível de energia de uma determinada espécie de forragem. O teor médio de extrato etéreo da árvore forrageira diferiu significativamente (P<0,05) entre os tratamentos, tendo em conta as espécies de árvores forrageiras. Assim, o extrato etéreo variou entre 1,64% e 2,09% nas espécies de árvores forrageiras selecionadas. O Kabro apresentou o teor mais elevado de EE (2,09%), seguido do Kutmiro (1,91%) e do Badahar (1,64%) (Quadro 7). Upreti e Shrestha (2006) tinham registado um teor de extrato etéreo mais elevado em Badahar (1,80%), Kutmiro (2,031%) e Kabro (2,20%) do que o valor obtido no presente estudo. Uma tendência semelhante também foi revelada por (Subba, 1998) onde o autor relatou que o extrato etéreo para Kutmiro era de 2,7% e para Kabro de 2,6%. Isto também mostrou que existe uma variação no extrato etéreo das espécies de árvores forrageiras selecionadas e classificadas.

4.4.1.1 Fração fibrosa de espécies de árvores forrageiras selecionadas

Gordura em detergente neutro (FDN)

A fibra detergente neutra (FDN) é uma medida da parede celular total na folhagem das árvores. O teor médio de FDN da árvore forrageira diferiu significativamente (P<0,001) entre os tratamentos, considerando as espécies de árvores forrageiras. O NDF variou entre 55,29 % e 71,90 % nas espécies de árvores forrageiras selecionadas.

Assim, o Kutmiro apresentou o teor mais elevado de FDN (71,90%), seguido do Kabro (67,35%) e do Badahar (55,29%) (Quadro 7) (Figura 4). Upreti e Shrestha (2006) referiram que Badahar, Kutmiro e Kabro podiam ter 44,69 %, 57,32 % e 51,93 %, respetivamente. É de notar que o teor de FDN das diferentes espécies de árvores forrageiras pode, portanto, variar.

Fibra de detergente ácido (ADF)

A fibra detergente ácida (ADF) está altamente relacionada com a digestibilidade dos alimentos para animais. Um maior teor de ADF na ração está relacionado com uma menor digestibilidade. O teor médio de ADF da árvore forrageira diferiu significativamente (P<0,001) entre os tratamentos, considerando apenas as espécies de árvores forrageiras. O ADF variou de 49,70% a 68,47% nas espécies de árvores forrageiras selecionadas. Assim, o Kutmiro apresentou o teor mais elevado de FDN (68,47%), seguido do Kabro (62,66%) e do Badahar (49,70%) (Quadro 7). Uma vez que o Badahar tinha o teor mais baixo de ADF (49,70%), justifica-se a seleção do Badahar como espécie forrageira de topo. No entanto, Upreti e Shrestha (2006) registaram um teor de ADF mais baixo nas três espécies do que o valor apresentado no presente estudo, tendo os autores registado 38,92%, 49,69% e 45,95% de ADF para o Badahar, o Kutmiro e o Kabro, respetivamente.

Lenhina em detergente ácido (ADL)

A lenhina detergente ácida (LDA), substância que se encontra na parede celular juntamente com a celulose e as hemiceluloses, tende a depositar-se nas últimas fases de crescimento da planta (Coop, 1961). O teor médio de ADL da árvore forrageira diferiu significativamente (P<0,001) entre os tratamentos, considerando apenas as espécies de árvores forrageiras. A ADL variou entre 24,76% e 46,94% nas espécies de árvores forrageiras selecionadas.

Assim, o Kutmiro apresentou o teor mais elevado de ADL (46,94%), seguido do Kabro (32,53%) e do Badahar (24,76%) (Quadro 7). Uma vez que o Badahar tinha o teor mais baixo de ADL (49,70%), a seleção do Badahar como primeira espécie forrageira poderia ser bem justificada. Upreti e Shrestha (2006) registaram um teor mais baixo de

ADL em Badahar (17,40%, Kutmiro 28,64% e Kabro 21,22%), o que difere ligeiramente dos resultados do presente estudo. Mas, em ambos os estudos, a tendência do teor de ADL foi semelhante. A ADL reduz a digestibilidade dos hidratos de carbono da parede celular (principalmente celulose e hemiceluloses) aos quais está ligada (Upreti e Shrestha, 2006). Quanto mais elevado for o teor de ADL nas espécies forrageiras, menor será a sua qualidade em termos de utilização da forragem.

4.4.1.2 Teor de minerais de espécies arbóreas forrageiras selecionadas

Cálcio

O teor médio de cálcio da árvore forrageira diferiu significativamente (P<0,001) entre os tratamentos considerando as espécies de árvores forrageiras. O cálcio variou entre 2,47% e 3,56% nas espécies de árvores forrageiras selecionadas. Assim, o Kutmiro tinha o teor de cálcio mais elevado (3,56%), seguido do Kabro (2,60%) e do Badahar (2,47%) (quadro 7). Upreti e Shrestha (2006) registaram 1,96%, 1,66% e 2,46% de cálcio em Badahar, Kutmiro e Kabro, respetivamente. O teor de cálcio registado no presente estudo foi mais elevado do que o indicado pelos autores.

Fósforo

O fósforo é o componente estrutural da planta que regula a síntese de proteínas. Uma análise do teor de fósforo de Badahar, Kutmiro e Kabro revelou que o valor poderia ser de 0,27%, 0,34% e 0,25%, respetivamente, tal como referido por (Upreti e Shrestha, 2006).

Cinzas totais

O teor médio de cinzas totais da árvore forrageira diferiu significativamente (P<0,001) entre os tratamentos, considerando as espécies de árvores forrageiras. O total de cinzas variou entre 7,45% e 11,07% nas espécies de árvores forrageiras selecionadas. Assim, o teor de cinzas de Badahar e

Kabro foi semelhante (11,07% e 11,92%), enquanto o teor total de cinzas em Kutmiro foi de 7,45% (Tabela 7) (Figura 4). Subba (2098) havia relatado que o teor total de cinzas do Kutmiro poderia ser de 6,7%, em comparação com 9,3% do Kabro. O valor apresentado neste estudo foi mais alto do que o relatado por (Subba, 1998).

4.4.2 Composição química das espécies de árvores forrageiras selecionadas em diferentes grupos etários

4.4.2.1 Composição nutricional de espécies de árvores forrageiras selecionadas em diferentes grupos etários

A idade não teve qualquer efeito (P>0,05) sobre a % de MS, nem sobre os principais teores de nutrientes, incluindo a fração fibrosa e a composição mineral, independentemente da espécie de árvore forrageira, embora tenham sido ignorados quando se estudou apenas o efeito da idade (Quadro 8).

Energia

O teor médio de energia das árvores forrageiras classificadas foi estatisticamente semelhante (P>0,05) em termos de idade, mas não considerando as espécies forrageiras. O conteúdo energético variou entre 3772 e 3984 Kcal/kg das espécies de árvores forrageiras selecionadas. Assim, o conteúdo energético considerando o grupo etário foi mais elevado no grupo etário 1 (3-6 anos; 3984 kcal/kg), seguido do grupo etário 3 (11-14 anos; 3910 kcal/kg) e do grupo etário 2 (7-10 anos; 3772 kcal/kg). A energia foi mais elevada nas plantas jovens das espécies de árvores forrageiras selecionadas.

Proteína bruta (PC)

O teor médio de proteínas das árvores forrageiras classificadas foi estatisticamente semelhante (P>0,05) em termos de idade, mas não considerando as espécies forrageiras. O teor de proteínas variou entre 10,74% e 11,72% nas espécies de árvores forrageiras selecionadas. Assim, o teor de PC foi mais elevado no grupo etário 1 (3-6 anos; 11,72%), seguido do grupo etário 3 (11-14 anos; 11,63%) e do grupo etário 2 (7-10 anos; 10,74%) (Quadro 8) (Figura 5). Os resultados mostraram que o teor de PC foi mais elevado nas árvores jovens e vice-versa.

Extrato etéreo (EE)

O teor médio de extrato etéreo das árvores forrageiras classificadas foi estatisticamente semelhante (P>0,05) em termos de idade, mas não considerando as espécies forrageiras. O extrato etéreo variou entre 1,81% e 2,00 % nas espécies de árvores forrageiras selecionadas. Assim, o extrato etéreo foi mais elevado no grupo etário 2 (7 a 10 anos; 2,00%), seguido do grupo etário 1 (3 a 6 anos; 1,83%) e do grupo etário 3 (11 a 14 anos; 1,81%) (Quadro 8).

4.4.2.2 Fração fibrosa de espécies de árvores forrageiras selecionadas em diferentes grupos etários

Fibra em detergente neutro (FDN)

O teor médio de fibra detergente neutra (FDN) das árvores forrageiras classificadas foi estatisticamente semelhante (P>0,05) em termos de idade, mas não considerando as espécies forrageiras. A FDN variou entre 64,38 % e 65,14 % nas espécies de árvores forrageiras selecionadas. Assim, o FDN foi mais elevado no grupo etário 3 (7 a 10 anos; 65,14%), seguido do grupo etário 2 (11-14 anos; 65,02%) e do grupo etário 1 (3-6 anos; 64,38%) (Quadro 8) (Figura 5). O teor de FDN aumentou com o estádio de maturidade, independentemente da estação do ano (Chweema *et al.*, 2011). O conteúdo de NDF, ADF e lignina foi menor nas folhas prematuras do que nas folhas maduras. Todos os constituintes estruturais (NDF, ADF e Lignina) aumentaram à medida que as folhas amadureciam (Sultan, 2008).

Fibra de detergente ácido (ADF)

O teor médio de fibra detergente ácida (FDA) das árvores forrageiras classificadas foi estatisticamente semelhante (P>0,05) em termos de idade, mas não considerando as espécies forrageiras. O ADF variou entre 59,00 % e 60,78 % nas espécies de árvores forrageiras selecionadas. Assim, o ADF foi mais elevado no grupo etário 2 (7-10 anos; 60,78%), seguido do grupo etário 3 (11-14 anos; 60,77%) e do grupo etário 1 (3-6 anos; 59,00%) (Quadro 8).

Lenhina em detergente ácido (ADL)

O teor médio de lenhina detergente ácida (LDA) das árvores forrageiras classificadas foi estatisticamente semelhante (P>0,05) em termos de idade, mas não considerando as espécies forrageiras. A ADL variou entre 34,38 % e 34,98 % nas espécies de árvores forrageiras selecionadas. Assim, a ADL registada foi mais elevada no grupo etário 2 (7-10 anos; 34,98 %), seguida do grupo etário 1 (3-6 anos; 34,86%) e do grupo etário 3 (11-14 anos; 34,38%) (Quadro 8). Os níveis de ADL registados foram quase semelhantes em todos os grupos etários. A lenhina é o principal fator que provoca uma diminuição da digestibilidade com a maturidade (Upreti e Shrestha, 2006).

4.4.2.3 Teor de minerais de espécies de árvores forrageiras selecionadas em diferentes grupos etários Cálcio

O teor médio de cálcio das árvores forrageiras classificadas foi estatisticamente semelhante (P>0,05) em termos de idade, mas não considerando as espécies forrageiras. O teor de cálcio variou entre 2,78 % e 3,02 % nas espécies de árvores forrageiras selecionadas. Assim, o cálcio foi mais elevado no grupo etário 3 (11-14 anos; 3,02 %), seguido do grupo etário 2 (7-10 anos; 34,86%) e do grupo etário 1 (3-4 anos; 3,02 %) (Quadro 8). O teor de cálcio foi crescente com a idade.

Teor de cinzas

O teor médio de cinzas das árvores forrageiras classificadas foi estatisticamente semelhante (P>0,05) em termos de idade, mas não considerando as espécies forrageiras. O teor de cinzas variou entre 9,92 e 10,42% das espécies de árvores forrageiras selecionadas. Consequentemente, o teor de cinzas foi mais elevado no grupo etário 1 (3-6 anos; 10,42%), seguido do grupo etário 2 (7-10 anos; 10,08%) e do grupo etário 3 (11-14 anos; 9,92%). Com o aumento da idade, o teor de cinzas registou uma tendência decrescente (quadro 8).

Tabela 8. Composição química das espécies de árvores forrageiras selecionadas por idade, sem considerar as espécies

Tratamentos (Idade)	Matéria seca (%)	Composição dos nutrientes			Fração de fibra (%)			Mineral Composição (%)	
		Energia (kcal/kg)	CP%	EE %	NDF	ADF	ADL	TA	Ca

1(3-6 anos)	94.21	3984	11.72	1.831	64.38	59.34	34.86	10.42	2.78
2(7-10 anos)	94.36	3772	10.74	2.009	65.02	60.78	34.98	10.08	2.83
3 (11-14 anos)	94.01	3910	11.63	1.816	65.14	60.77	34.38	9.92	3.02
SEM ±	0.41	83.70	0.52	0.12	1.02	1.15	1.22	0.26	0.17
Valor P	NS	NS	NS	NS	NS	NS	NS	NS	NS
LSD	1.16	235.00	1.46	0.34	2.87	3.25	3.44	0.72	0.47
(nível 0,05) CV									
%	2.70	12.50	27.60	38.60	9.50	11.50	21.20	7.40	35.50

LSD=Diferença mínima significativa, CV=Coeficiente de variação, SEM=Erro padrão da média, e NS=Não significativo

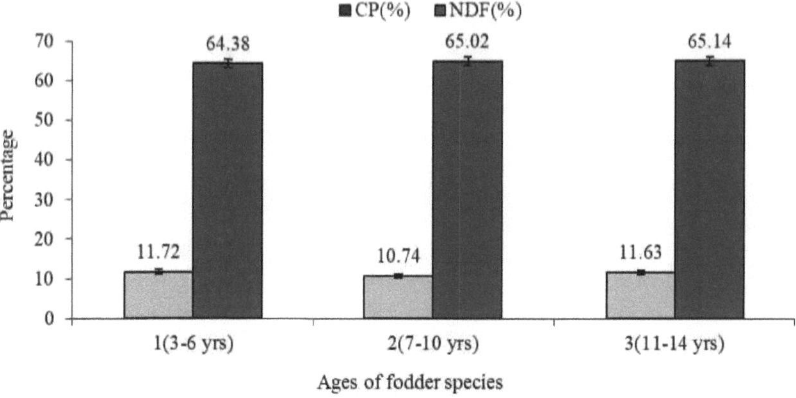

Figura 5. Teor de PC e NDF de espécies forrageiras selecionadas por idade

1.1.1.1 Composição química das espécies de árvores forrageiras selecionadas em função da espécie e da idade 4.4.3.1 Composição em nutrientes das espécies de árvores forrageiras selecionadas em função da espécie e da idade Energia

O teor médio de energia das árvores forrageiras classificadas foi estatisticamente semelhante (P>0,05) quando a combinação de tratamentos foi considerada em termos de idade variada e espécies de árvores mais bem classificadas. O conteúdo energético variou entre 3372 e 4389 kcal/kg das espécies de árvores forrageiras selecionadas. Assim, o Badahar de idade 2 (7-10 anos) tinha um teor energético mais elevado, 3910 kcal/kg, e o Badahar de idade 3 (11-14 anos) tinha um teor energético mais baixo (3372 kcal/kg). No caso do Kutmiro, o Kutmiro de idade 3 (11-14 anos) tinha maior energia

(4389 kcal por kg) e menor para o Kutmiro de idade 2 (7-10 anos; 4097 kca/ kg), enquanto o Kabro de idade 3 (11-14 anos) tinha maior energia (4171 kcal/ kg) e o Kabro de idade 1 (36 anos) tinha menor energia (3772 kcal/kg) (Quadro 9) (Figura 6). A tendência da interação não foi consistente.

Proteína bruta (PC)

O teor médio de proteínas das árvores forrageiras classificadas foi estatisticamente semelhante (P>0,05) quando a combinação de tratamentos foi considerada em termos de idade variada e espécies de árvores mais bem classificadas. O teor de proteínas variou de 10,00 a 13,09%. Assim, o Badahar de idade 1 (3-6 anos) tinha a proteína mais alta (13,09%), mas o Badahar de idade 3 (11-14 anos) tinha a proteína mais baixa (11,49%). No caso do Kutmiro, o Kutmiro de idade 1 (3-6 anos) tinha um PC mais elevado (12,07%), mas era inferior ao Kutmiro de idade 3 (11-14 anos; 10,71%). Enquanto o Kabro de idade 2 (7-10 anos) tinha um PC mais elevado (10,99%) e o Kabro de idade 1 (3-6 anos) tinha um PC mais baixo (10,0%) (Quadro 9) (Figura 6). A tendência de interação não foi consistente.

Extrato etéreo (EE)

O teor médio de extrato etéreo das árvores forrageiras classificadas foi estatisticamente semelhante (P>0,05) quando a combinação de tratamentos foi considerada em termos de idade variada e espécies arbóreas mais bem classificadas. O teor de extrato etéreo variou entre 1,52 e 2,33 % nas espécies de árvores forrageiras selecionadas. Assim, o Badahar de idade 1 (3-6 anos) tinha um extrato etéreo mais elevado (1,74%), mas o Badahar de idade 2 (7-10 anos) tinha um EE mais baixo (1,52%). No caso do Kutmiro, o Kutmiro da idade 2 (7-10 anos) registou um EE mais elevado (2,17%) e o Kutmiro da idade 3 (11-14 anos) um EE mais baixo (1,64%). (A tendência de interação não foi consistente.

1.1.1.2 Fração fibrosa de espécies de árvores forrageiras selecionadas com interações entre espécies e idades Fibra detergente neutra (FDN)

O teor médio de fibra detergente neutra das árvores forrageiras classificadas foi estatisticamente semelhante (P>0,05) quando a combinação de tratamentos foi considerada em termos de idade variada e espécies arbóreas mais bem classificadas. O teor de FDN variou entre 54,46 e 72,55 % nas espécies de árvores forrageiras selecionadas. Assim, o Badahar de idade 3 (11-14 anos) tinha um NDF mais elevado (55,78%), mas o Badahar de idade 2 (7-10 anos) tinha um NDF mais baixo (54,46%). No caso do Kutmiro, o Kutmiro de idade 3 (11-14 anos) tinha um FDN mais elevado (72,55%) e mais baixo do que o Kutmiro de idade 2 (7-10 anos; 71,56%). Enquanto que o Kabro de idade 2 (7-10 anos) tinha um NDF mais elevado (69,40%) e o Kabro de idade 1 (3-6 anos) tinha um NDF mais baixo de 65,90% (Quadro 9).

Fibra em detergente ácido (ADF)

O teor médio de fibra detergente ácida das árvores forrageiras classificadas foi estatisticamente semelhante (P>0,05) quando a combinação de tratamentos foi considerada em termos de idade variada e espécies arbóreas mais bem classificadas. O teor de ADF variou entre 48,93 e 70,43 % nas espécies de árvores forrageiras selecionadas. Assim, o Badahar de idade 2 (7-10 anos) tinha um ADF mais elevado (50,25%), mas o Badahar de idade 3 (11-14 anos) tinha um ADF mais baixo (48,93%). No caso de Kutmiro, Kutmiro de idade 3 (11-14 anos) tinha um ADF mais elevado (70,43%) e mais baixo do que Kutmiro de idade 1 (3-6 anos; 67,42%). Enquanto que o Kabro de idade 2 (7-10 anos) tinha um ADF mais elevado (64,48%) e o Kabro de idade 1 (3-6 anos) tinha um ADF mais baixo de 60,52% (Quadro 9).

Lenhina em detergente ácido (ADL)

O teor médio de lignina detergente ácida das árvores forrageiras classificadas foi estatisticamente semelhante (P>0,05) quando a combinação de tratamentos foi considerada em termos de idade variada e espécies arbóreas mais bem classificadas. O teor de ADL variou entre 24,52 e 46,20 % nas espécies de árvores forrageiras selecionadas. Assim, o Badahar de idade 2 (7-10 anos) tinha um ADL mais elevado (25,12%), mas o Badahar de idade 3 (11-14 anos) tinha um ADL mais baixo (24,52%). No caso de Kutmiro, Kutmiro com 3 anos de idade (11-14 anos) tinha ADL mais elevadas (50,07%) e mais baixas do que Kutmiro com 2 anos de idade (7-10 anos;

44,56%). Enquanto que os Kabro de idade 1 (3-6 anos) tinham ADL mais elevadas (33,76%) e os Kabro de idade 3 (11-14 anos) tinham ADL mais baixas (30,37%) (Quadro 9).

1.1.1.3 Fração de minerais de espécies de árvores forrageiras selecionadas com interações entre espécies e idade

Cálcio (Ca)

O teor médio de cálcio das árvores forrageiras classificadas foi estatisticamente semelhante (P>0,05) quando a combinação de tratamentos foi considerada em termos de idade variada e espécies arbóreas mais bem classificadas. O teor de cálcio variou entre 2,38 e 3,64 % nas espécies de árvores forrageiras selecionadas. Assim, o Badahar da idade 2 (7-10 anos) tinha o Ca mais elevado (2,64%), mas o Badahar da idade 1 (3-4 anos) tinha o Ca mais baixo (2,38%). Do mesmo modo, o Kutmiro da idade 2 (710 anos) tinha o Ca mais elevado (3,64%), mas era mais baixo do que o Kutmiro da idade 1 (3-4 anos; 3,48%) (Quadro 9).

Cinzas totais (TA)

O teor médio de cinzas totais das árvores forrageiras classificadas foi estatisticamente semelhante (P>0,05) quando a combinação de tratamentos foi considerada em termos de idade variada e espécies de árvores mais bem classificadas. O teor total de cinzas variou entre 7,38 e 12,26 % das espécies de árvores forrageiras selecionadas. Assim, o Badahar de idade 1 (3-6 anos) tinha um TA mais elevado (11,62%), mas o Badahar de idade 3 (11-14 anos) tinha um TA mais baixo (10,69%). Do mesmo modo, o Kutmiro de idade 3 (11-14 anos) tinha uma TA mais elevada (7,50%) e o valor era mais baixo para o Kutmiro de idade 1 (3-6 anos; 7,38%). Enquanto o Kabro de idade 1 (3-6 anos) tinha uma TA mais elevada (12,26%) e o Kabro de idade 2 (7-10 anos) tinha uma TA mais baixa (11,43%) (Quadro 9).

Tabela 9. Composição química de espécies de árvores forrageiras selecionadas com combinação total de tratamentos

Tratamentos	Matéria seca (%)	Composição dos nutrientes			Fração de fibra (%)			Composição mineral (%)	
		Energia (kcal/kg)	CP%	EE %	NDF	ADF	ADL	TA	Ca
Badahar×Age1	93.98	3807	13.09	1.74	55.65	50.08	24.63	11.62	2.38
Badahar×Age2	94.79	3910	12.86	1.52	54.46	50.25	25.12	10.89	2.64
Badahar×Age3	93.89	3372	11.49	1.68	55.78	48.93	24.52	10.69	2.39
Kutmiro×Age1	94.31	4372	12.07	1.92	71.59	67.42	46.20	7.38	3.48
Kutmiro×Age2	93.52	4097	11.02	2.17	71.56	67.58	44.56	7.45	3.64
Kutmiro×Age3	95.11	4389	10.71	1.64	72.55	70.43	50.07	7.50	3.54
Kabro× Idade1	94.33	3772	10.00	1.83	65.90	60.52	33.76	12.26	2.47
Kabro ×Age2	93.62	3922	10.99	2.33	69.40	64.48	33.47	11.43	2.78
Kabro ×Age3	94.08	4171	10.02	2.12	66.74	62.97	30.37	12.06	2.55
SEM ±	0.72	145.00	0.90	0.21	1.77	2.00	2.12	0.45	0.29
Valor P	NS	NS	NS	NS	NS	NS	NS	NS	NS
LSD(nível 0,05)	2.02	407.10	2.54	0.59	4.97	5.63	5.96	1.26	0.82
CV %	2.70	12.50	27.60	38.60	9.50	11.50	21.20	7.40	35.50

LSD=Diferença mínima significativa, CV=Coeficiente de variação, SEM=Erro padrão da média, e NS=Não significativo

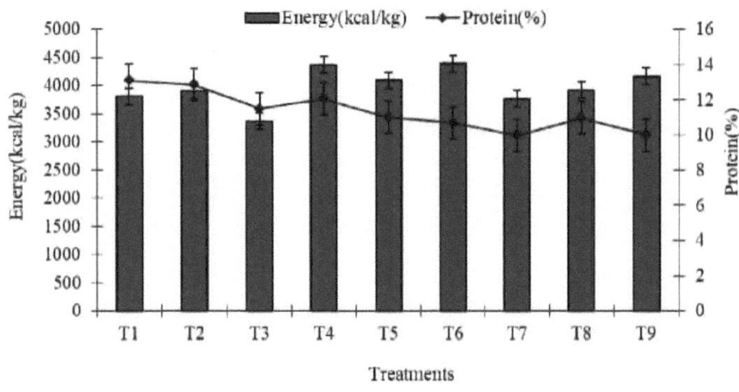

Figura 6. Teor energético e proteico de espécies arbóreas forrageiras selecionadas em função dos tratamentos

4.5 Teor de polifenóis das árvores forrageiras

4.5.1 Lignina

O teor de ADL de Kutmiro (46,94%) foi mais elevado, seguido de Kabro (32,53%) e Badahar (24,76%) (Quadro 7). Este resultado provou que o Badahar é a espécie forrageira com melhor classificação, o que está de acordo com o resultado do índice de seleção. Neste estudo, o Kutmiro tinha um teor de lenhina mais elevado (46,94%), embora ocupasse a segunda posição, mas foram utilizados vários parâmetros (quadro 1 do apêndice) para elaborar o índice de seleção, que colocou o Kutmiro na segunda posição.

4.5.2 Tanino

O teor de tanino das espécies de árvores forrageiras selecionadas (Badahar, Kutmiro e Kabro) era de 0,57%, 2,04% e 1,04%, respetivamente. Upreti e Shrestha (2006) e Subba (1998) referiram que a folhagem das árvores e os arbustos são susceptíveis de apresentar um teor mais elevado de taninos. Classificam as árvores forrageiras em dois grupos: são de baixa qualidade se tiverem um teor superior a 5% e são consideradas de boa qualidade se tiverem menos de 5%. O teor de taninos foi inferior a 5%, como revelado neste estudo, pelo que estas espécies forrageiras selecionadas são seguras para utilização na alimentação animal. Este teor justificou o critério utilizado neste estudo.

4.5.3 Nitratos

4.5.3.1 Teor de nitratos de espécies arbóreas forrageiras selecionadas

O teor de nitrato nas árvores forrageiras pode ser uma substância tóxica para o gado se for alimentado em grandes quantidades. O nitrato em si não é tóxico para o gado, mas torna-se tóxico quando é reduzido a nitrito. O teor de nitratos das espécies de árvores forrageiras selecionadas permaneceu estatisticamente semelhante (P>0,05) entre os tratamentos estudados, considerando as espécies de árvores forrageiras. O teor de nitratos variou entre 1,1 (Badahar) e 1,3 (Kabro). O Kabro teve uma pontuação mais elevada de nitratos (1,33), seguido do Kutmiro (1,25) e do Badahar (1,194) (Quadro 10). A pontuação 1+, 2+ e 3+ contém um nível de nitratos inferior a 1%. Os registos analisados indicam que as espécies de árvores forrageiras selecionadas (Badahar, Kutmiro, Kabro) são muito seguras para a alimentação de ruminantes. As forragens que contêm menos de 5000 ppm (0,05%) são geralmente consideradas seguras para todas as classes de animais, ao passo que as concentrações na gama de 5000 a 10 000 ppm não devem ser dadas a vacas grávidas. Níveis superiores a 5000 ppm na alimentação animal são potencialmente prejudiciais para a saúde e a produtividade dos ruminantes (Knight *et al.*, 2008).

Tabela 10. Pontuação de nitratos das espécies de árvores forrageiras selecionadas

Tratamentos (espécies forrageiras)	Pontuação de nitratos (1 a 4)
Badahar	1.19
Kutmiro	1.25
Kabro	1.33
SEM ±	0.07
Valor P	0.42
LSD(nível 0,05)	NS
CV %	36.0

LSD=Diferença mínima significativa, CV=Coeficiente de variação, SEM=Erro padrão da média, e NS=Não significativo

4.5.3.2 Teor de nitratos em espécies arbóreas forrageiras selecionadas em diferentes grupos etários

O índice médio de nitrato foi estatisticamente semelhante (P>0,005) em termos de idade, sem considerar as espécies forrageiras (Tabela 11). A pontuação de nitrato variou de 1,19 a 1,33. Assim, o grupo etário 1 (3-6 anos) teve uma pontuação de nitratos mais elevada (1,33), seguido do grupo etário 3 (11-14 anos) (1,25) e do grupo etário 2 (7-10 anos) (1,19). Uma vez que os resultados foram estatisticamente semelhantes, pode concluir-se que as árvores forrageiras selecionadas são seguras para alimentação desde a fase inicial (3 anos) até à fase adulta (14 anos).

Tabela 11. Índice de nitratos das espécies de árvores forrageiras em diferentes grupos etários

Tratamentos (Idade)	Pontuação de nitratos (1 a 4)
1(3-6 anos)	1.33
2(7-10 anos)	1.19
3(11-14 anos)	1.25
SEM ±	0.07
Valor P	NS
LSD(nível 0,05)	0.21
CV %	36.0

LSD=Diferença mínima significativa, CV=Coeficiente de variação, SEM=Erro padrão da média, e NS=Não significativo

4.5.3.3 Teor de nitratos de espécies forrageiras selecionadas em função da espécie e da idade

A pontuação média de nitrato das espécies forrageiras selecionadas foi estatisticamente semelhante (P>0,05) quando a combinação de tratamentos foi considerada em termos de idade variada e espécies de árvores forrageiras de topo. A pontuação de nitratos variou de 1,16 a 1,41. Assim, o Badahar da idade 1 (3-6 anos) teve uma pontuação de nitrato mais elevada (1,25) e o Badahar da idade 2 (7-10 anos) e da idade 3 (11-14 anos) teve uma pontuação de nitrato mais baixa (1,16). No caso de Kutmiro, o Kutmiro de idade 1 (3-6 anos) tinha uma pontuação de nitratos mais elevada (1,333), mas o valor era mais baixo para o Kutmiro de idade 3 (11-14 anos) (1,16). Enquanto Kabro com a idade 1 (3-6 anos) registou uma pontuação de nitratos mais elevada (1,41), Kabro com a idade 3 (11-14 anos) registou uma pontuação de nitratos mais baixa (1,25) (Quadro 12).

Tabela 12. Pontuação de nitratos de espécies de árvores forrageiras selecionadas em função da espécie e da idade

Tratamentos	Pontuação de nitratos (1 a 4)
Badahar×Age1(3-6 anos)	1.25
Badahar×Age2(7-10 anos)	1.16
Badahar×Age3(11-14 anos)	1.16
Kutmiro×Idade1(3-6 anos)	1.33
Kutmiro×Idade2(7-10anos)	1.25
Kutmiro×Idade3(11-14anos)	1.16
Kabro×Idade1(3-6 anos)	1.41
Kabro×Age2(7-10 anos)	1.33
Kabro×Age3(11-14 anos)	1.25
SEM ±	0.13
Valor P	NS
LSD(nível 0,05)	0.36
CV %	36.0

LSD=Diferença mínima significativa, CV=Coeficiente de variação, SEM=Erro padrão da média, e NS=Não significativo

5. Resumo e conclusão

5.1 Resumo

Este estudo foi realizado nos distritos de Tanahun, Dhading, Dolakha e Sindhupalchok de 15 de junho de[th] , 2012 a 20 de dezembro de[th] , 2012, com o objetivo de determinar o rendimento forrageiro e a composição química das principais árvores forrageiras nos distritos de meia-encosta selecionados do Nepal. A experiência consistiu em 9 tratamentos dispostos na combinação 3x3 fatorial de RCBD, consistindo em idade e espécie como tratamento e distritos como replicação. Assim, três categorias de idades (3-6 anos, 7-10 anos e 11-14 anos) foram combinadas com três espécies forrageiras Badahar (*Artocarpus lakoocha*) Kutmiro (*Litsea polyantha*) e Kabro (*Ficus lacor*).

Das 3 espécies de árvores forrageiras comuns, Kabro teve uma produção de biomassa significativamente (P<0,05) mais elevada (31,7 kg MS/árvore), seguida de Badahar (26,80 kg MS/árvore) e Kutmiro (23,8 kg MS/árvore). A produção de biomassa da árvore forrageira selecionada aumentou com a idade, sendo a mais elevada (34,2 kg MS/árvore) para o grupo etário 3 (11-14 anos). A produção de biomassa, tendo em conta a idade e a espécie, foi mais elevada para o Kabro (38,6 kg MS/árvore) do grupo etário 3 (11-14 anos).

O conteúdo energético da árvore forrageira selecionada foi significativamente (P<0,01) mais elevado no Kutmiro (4286 kcal/kg de forragem) em comparação com o Kabro (3955 kcal/kg de forragem) e o Badahar (3830 kcal/kg de forragem). O teor energético, tendo em conta a idade, foi mais elevado (3984 kcal/kg) para o grupo etário 1 (3-6 anos). O teor energético da árvore forrageira selecionada, tendo em conta a idade e a espécie, foi mais elevado para o Kutmiro (4389 kcal/kg) do grupo etário 3 (11-14 anos).

O teor de proteínas na árvore forrageira selecionada foi significativamente (P<0,01) mais elevado no Badahar (12,48%) em comparação com o Kutmiro (11,27%) e o Kabro (10,34%). O teor de proteínas tendo em conta a idade foi mais elevado (11,72%) no grupo etário 1 (3-6 anos). O teor de proteínas da árvore forrageira selecionada, tendo em conta a idade e a espécie, foi mais elevado para o Badahar (4389 kcal/kg) do grupo etário 1 (3-6 anos).

O teor de EE na árvore forrageira selecionada foi significativamente (P<0,05) mais elevado no Kabro (2,09%) em comparação com o Kutmiro (1,91%) e o Badahar (1,64%). O teor de NDF na árvore forrageira selecionada foi significativamente (P<0,01) mais elevado no Kutmiro (71,90%) em comparação com o Kabro (67,35%) e o Badahar (51,29%). O teor de ADF na árvore forrageira selecionada foi significativamente (P<0,01) mais elevado no

Kutmiro (68,47%) em comparação com Kabro (62,66%) e Badahar (49,75%). O teor de ADL na árvore forrageira selecionada foi significativamente (P<0,01) mais elevado em Kutmiro (46,94%) em comparação com Kabro (32,53%) e Badahar (24,76%). O teor de Ca na árvore forrageira selecionada foi significativamente (P<0,01) mais elevado no Kutmiro (3,56%) em comparação com o Kabro (2,60%) e o Badahar (2,47%). O teor de AT na árvore forrageira selecionada foi significativamente (P<0,01) mais elevado no Kabro (11,92%) em comparação com o Badahar (11,07%) e o Kutmiro (7,45%).

O Kabro registou uma taxa de nitratos mais elevada (1,33), seguido do Kutmiro (1,25) e do Badahar (1,19). O grupo etário 1 (3-6 anos) registou uma taxa de nitratos mais elevada (1,33), seguido do grupo etário 3 (11-14 anos) com 1,25 e do grupo etário 2 (7-10 anos) com 1,19. Como o resultado não foi significativo, pode concluir-se que as árvores forrageiras selecionadas são seguras para a alimentação desde a idade precoce (ou seja, 3 anos) até à fase de maturação de 14 anos.

5.2 Conclusão

As conclusões deste estudo são as seguintes: (a) Existe uma grande variação na produção de massa de erva fresca das árvores forrageiras populares nos distritos de Mid Hills do Nepal, sendo Badahar, Kutmiro e Kabro as espécies mais populares e promissoras. b) A produção de biomassa foi positivamente relacionada com a idade das espécies de árvores forrageiras, mesmo no sistema de gestão tradicional, o que indica um maior potencial de biomassa das espécies forrageiras, que pode ser variado consoante a espécie, (c) Considerando que as espécies como o Badahar, tanto com maior idade como com maior potencial de produção de biomassa, sugerem a necessidade de considerar esse potencial para uma melhor produção de biomassa, (d) O Badahar contém maior PC mas menor energia e Ca, indicando que a consideração de apenas um parâmetro para a alimentação animal pode causar erros no equilíbrio de nutrientes. A alimentação com forragens mistas permitiria, assim, proteger as necessidades de energia e de outros nutrientes, uma vez que o teor de nutrientes das forragens selecionadas não diferiu significativamente em função da idade e das espécies consideradas, e (e) Os resultados deste estudo revelaram claramente que as árvores forrageiras mais comuns e populares são seguras contra a toxicidade dos nitratos, o que reflecte a necessidade de continuar a utilizar essas espécies forrageiras na gestão da alimentação.

6. Literaturas citadas

Plano de Perspetiva Agrícola. 1995. Priority outputs - Livestock, Pub. Agricultural Projects Services Center Kathmandu e John Mellar Associates, Inc. Washington, D.C. pp. 141-149.

Amayatya, S. M. 1990. Árvore forrageira e seu ciclo de corte no Nepal. Pub. Shahayogi Press, Kathmandu, Nepal. pp. 1-85.

Ammar, H., M.J. Ranilla, J. Gonzalez e S. Lopex. 2004. Variação sazonal da composição química e da digestibilidade da matéria seca invitro das folhas e do caule de duas espécies de leguminosas de sobrancelha.

ANZDEC. 2002. Nepal Agriculture Setor Performance Review: Final Specialist Report, Livestock Specialist. Publicação limitada da ANZDEC, Nova Zelândia. pp. 1-53.

Armstrong, K., D. Pariyar, K. Shrestha, L. Sherchand, S. Sanjyal e T. William. 2011. Desenvolvimento de sistemas sustentáveis de forragem animal para melhorar os rendimentos das famílias em vários distritos do Nepal. Pub. Nepal Agricultural Research Counncil e Plant & Food Research Rangahau Ahumara Kai. pp. 1-65.

Cheema, U.B., M. Younas, J.I. Sultan, M.R. Virk, M.Tariq e A. Waheed. 2011. Folhas de árvores forrageiras: uma fonte alternativa de alimentação do gado. Avanços na Biotecnologia Agrícola 2: 22-33.

Coop, I.E. 1961. The Principles and Practice of Animal Nutrition. Pub. R. E. Owen, Government printer Wellington, Nova Zelândia. pp. 1-55.

Dawra, R.K., Makkar, HPS e B. Singh. 1988. Total Phenolics, condensed tannins and protein precipitable phenolics in young and mature leaves of oak species. Journal of Agriculture Food and Chemistry 36, 951-95.3.

Serviço do Departamento de Pecuária. 2011. The Rangeland Policy, 2012. Governo do Nepal. pp. 1-16.

Devendra, C. 1991. Potencial nutricional de árvores e arbustos forrageiros como fontes de proteína na nutrição de ruminantes. *In:* Procedimentos da consulta de peritos realizada no Instituto de Investigação e Desenvolvimento Agrícola da Malásia em Kualalampur, Malásia, de 14 a 18 de outubro. Editado por Andrew Speedy e Pierre-Luc Pugliese. FAO.

Organização das Nações Unidas para a Alimentação e a Agricultura. 2012. Estudo de espécies de árvores forrageiras para preparar o protocolo de corte. Publicação FAO/IDF Nepal. pp. 1-41.

Ghimire, R. P., R. R. Khanal, D. P. Adhikari. 2011. Calendário de desfoliação de árvores forrageiras para as colinas médias do Nepal. *In:* Procedimentos da Sexta Convenção Nacional sobre Comercialização da Produção Pecuária para a Segurança Alimentar e a Prosperidade, realizada em 25-26 de setembro de 2011, em Katmandu.

Harold, E., R.S. Kirk e R. Sawer. 1988. Pearson's Chemical Analysis of Foods. 8th edition, Churchill Livingstone.

Harrison, A. 1989. Results of a forrage species elimination trial at Lumle Agricultural Center, Technical Paper NO 89/13, Lumle Agricultural Research Center Lumle, Kashki.

Hendy, Vckera, B. C. R. C. Henddy, R. Chhetri, E. Kiff, R. Kharel, B. N. Regmi e R. Bashukala. 2000. An analysis of Farmers discussion making processes regarding for forrage management strategies. *In:* Procedimentos do workshop a nível nacional sobre estratégias melhoradas para identificar e resolver o défice de forragem nas colinas médias do Nepal. pp. 48-58. 48-58.

Hudson, J.M. 1987. Forestry research in Nepal up to 1986 (Investigação florestal no Nepal até 1986). Banko Jankari 1 (2):3-14.

Ibrahim, M.N.M., J. Gyeltshen, K. Tenzing e T. Dorji. 2008. Um guia prático para a alimentação de gado leiteiro em Bhuta. Pub. Royal Govt. of Bhutan, Ministry of Agriculture, Department of Livestock. pp.1- 54.

Jha, U.S, S.B. Singh e R. Pandey. 1989. Proximate constituents of tree forder from IAAS livestock farm Rampur, Journal of Institute of Agriculture and Animal Science,

10:119-121.

Joshi, N.P. e S. B. Singh, 1986. Disponibilidade e utilização de arbustos e forragens de árvores no Nepal. Shrubs and Tree Fodders for farm animal. Procedimentos do seminário em Denpasar, Indonésia Rdt.

Jung, H.G. e K.P. Vogel 1986. Influence of lignin on digestibility of forage cell wall materials. Journal of Animal Science 62(6): 1703-1712.

Jung, H.G., M.S. Allen. 1995. Caracterização das paredes celulares que afectam a ingestão e a digestibilidade da forragem pelos ruminantes. Journal of Animal Science 73(9):2774-2790.

Kadaria, R.K.1992. O desenvolvimento de um sistema sustentável de produção pecuária nas colinas centrais do Nepal, com base no conceito de agro-silvicultura. Publicação ocasional do Centro de Investigação Agrícola de Lumle, Lumle, Nepal.

Kanga'ra , J.N.N. 1993. Determinação do nível de taninos em árvores e culturas forrageiras do Quénia para fins múltiplos, sua variação e efeito na digestibilidade das proteínas em ruminantes. Tese. Universidade de British Columbia. pp. 1-150.

Karki, M. B. e M.A.Gold 1992. Avaliação do desempenho do crescimento de dez espécies de árvores forrageiras comummente cultivadas no Nepal central e ocidental. Banko Jankari 3(4): 21-26.

Khanal, R.C., D. B. Subba. 2001. Nutritional evaluation of leaves from some major forder trees cultivated in the hills of Nepal (Avaliação nutricional das folhas de algumas das principais árvores forrageiras cultivadas nas colinas do Nepal). Animal Feed Science Technology 92 (1): 17-32.

Kiff, E.P., P. Thomash, B.H. Pandit, D. Thomas e S.M. Amatya. 1999. Livestock production system and the development of foddere resources for the mid hills of Nepal. Department for forestry research and survey. pp. 7-8.

Knight, A.P., J. Self, D.W. Hamar e D. R. Khanal. 2008. *Bovine Veterinarian.Rapid field test for nitrate detection in plants.* pp. 35-36.

Kshatri, B.B. 2007. Evaluation of multipurpose forder trees in Nepal, Tese de Doutoramento, Universidade de Massey, Nova Zelândia.

Mahato, S. N., D. B. Subba e P.B. Tamang. 1989. Chemical composition of the leaves of some common Ficus species, Veterinary Review, Pakhribas Agriculture Center, Pakhribas, Dhandutta, Nepal, 2: 1-3.

McDonald, P., R.A. Edwards, JFD Greenhalgh, CA Morgan. 2002. Animal Nutrition Sixth Edition. Pearson Education Asia. pp. 29-30.

Ministério do Desenvolvimento Agrário. 2012. Informação estatística sobre a agricultura nepalesa. MoAD, Agri. Business Promotion and Statistical Division, Singhdurbar, Kathmandu Nepal Publication. pp. 48-49.

Panday, Kk. 1982. Fodder trees and Tree Fodder in Nepal (Árvores forrageiras e forragem arbórea no Nepal). Pub Swiss Development Cooperation, Berna Suíça. pp. 13-105.

Panday, S.B.1990a. Feeds and forders. *In:* study on dairy farmers in Nepal. New Era, Kathmandu.pp.20-23.

Pande, R. S. 1995. Fodder Trees for for Green Feeds. Publicação do Governo de Sua Majestade do Nepal, Departamento de Serviço Pecuário. pp. 1-26.

Pande, R.S 1994. Livestock Feeds and Grassland Development in Nepal (Alimentação do gado e desenvolvimento das pastagens no Nepal). Publicação do Centro Nacional de Investigação de Forragens e Pastagens. pp. 106-129.

Pandey, L.N. 2011. Avaliação de Bhimal nas colinas ocidentais do Nepal. Relatório anual. Programa de Investigação sobre Ovinos e Caprinos, Jumla.

Pariyar, D.2004. Aveia forrageira no Nepal. Fodder Oats:A world review. Edit:Suttie J.N. and Reynolds S.G. Plant Production and Protection Series No.33.FAO Publication.pp.103-121.

Poudel, K.C. 1997. Produção de biomassa forrageira a partir de Badahar (*Artocarpus lakoocha*). Veterinary Review 12 (1): 25-27.

Poudel, K.C. e D. P. Rashali 1996. Produção de biomassa forrageira de Badahar (*Artocarpus lakoocha*) e efeito na alimentação de búfalas em lactação. Procedimentos do Workshop Nacional de Investigação sobre Pecuária e Pescas, 7-9 de maio de 1996. pp. 17-23.

Rana, R. S. e N. Amatya. 2001. Respostas de búfalas em lactação quando alimentadas com palha de arroz tratada e não tratada com suplementação de Badahar (*Artocarpus lakoocha*). *In:* Actas do 4th National Animal Science

Convenção. Nepal Animal Science Association, Kathmandu, Nepal Publication. pp. 114-119.

Shaheen, G. 2005. Variação sazonal da componente nutricional e anti-nutricional de arbustos e árvores nativos cultivados no Parque Nacional Hazargangi Chiltan, Karshasa e Zarchoon. Tese de doutoramento. pp 1-150.

Shrestha, R.K e B. N. Tiwari. 1991. Nutritive value and tannin content of some common tree forder species of western hills of Nepal. Documento de trabalho nº 13/91, Centro Agrícola de Lumlae, Lumlae, Kashki.

Sidu, P.K., G.K. Bedi, V. Mahajan, S. Sharma, K.S. Shadu, e M. P. Gupta .2011. Avaliação dos factores que contribuem para a acumulação excessiva de nitratos nas culturas forrageiras, conduzindo a problemas de saúde nos animais leiteiros. Toxicol. Int. 18(1): 22-26.

Stewart, J. 1990. International trial of Central American Dry zone hardwood speciesevaluation manual. Oxford Forestry Institute, Oxford.

Subba, D. 2000. Tannin in tree forders and browse plants in the hills of Nepal. *In:* Actas da 4th Convenção Nacional de Ciência Animal organizada pela Associação de Ciência Animal do Nepal (NASA). pp.77 - 86.

Subba, D. B. e P M Tamang. 1990. Variação sazonal da composição química das folhas das espécies de árvores forrageiras ficus. *In:* Procedimentos da 3rd reunião do grupo de trabalho sobre árvores forrageiras, forragem florestal e folhagem, Occasional Paper 2/90, Kathmandu, Nepal, 18-20 de dezembro. pp. 20-24.

Subba, D.B. 1998. Composição química e valores nutritivos dos alimentos para animais do leste do Nepal. Pub. Centro Agrícola de Pakhribas, Dhankuta, Nepal. pp. 1-94.

Sultan,J.I., I.Rahim, Haqnawaz, Muhammad, Yaqoob e Ijaz Javed. Avaliações nutricionais de folhas de árvores forrageiras do norte do Paquistão. J.Bot.,40(6):2503-2512.

Upadhyay, L. R. 1992. Utilização de árvores forrageiras nos distritos de Jahapa e Sunsary no Terai oriental. Banko Jankari 3(3): 17-18.

Upreti, C. R. e B. K. Shrestha. 2006. Nutrient content of feeds and forders in Nepal (Teor de nutrientes das rações e forragens no Nepal). Conselho de Investigação Agrícola do Nepal, Divisão de Nutrição Animal, Khumaltar, Lalitpur, Publicação do Nepal. pp.1-163.

Upreti, C.R. e B. K. Shrestha. 2012. Avaliação da composição química da folhagem das principais árvores forrageiras em Terai, Colinas e Montanha em diferentes sistemas de gestão do Nepal. *In:* Actas do 8th Workshop Nacional sobre Investigação em Pecuária e Pescas. Publicação do Conselho de Investigação Agrícola do Nepal. pp. 247250.

Upreti, C.R.e S. Upreti 2013. Nutrição de gado, aves e peixes no Nepal - Primeira edição. Publicação de Ms Balika Upreti. 505 p.

Upreti, C.R.2008. Livestock, Poultry and Fish Nutrition in Nepal (Nutrição de gado, aves e peixes no Nepal). Publicação de Ms Balika Upreti. pp 1-4

Upreti, S. 2010. Análise económica da produção de leite no distrito de Tanahun. Tese de licenciatura em Ag e Hons. HICAST, Universidade de Purbanchal. pp 27-29.

Van Soets, P.J. e Robertson, J B (1985). Analysis of Forage and Fibrous Foods. A Laboratory Manual for Animal Sciences, Cornell University, USA.

Wood, D., B. N. Tiwari, V.E. Plumb, C. J. Roberts, B.T. Padmini, V.D. Sirimane, J.T. Rosisster, e M. Gill. 1994. Diferenças interespécies e variabilidade com o tempo da atividade de precipitação de proteínas de taninos extraíveis, proteína bruta, cinzas e teor de matéria seca de folhas de 13 espécies de árvores forrageiras do Nepal. Journal of Chemical Ecology, 20(12):3149-3162.

7. Apêndices

Appendix 1. Critérios de seleção sugeridos para a seleção das espécies forrageiras nos campos agrícolas.

SN	Parâmetros de seleção	Critérios de seleção	Pontuação (1, 2, 3)
1	Produção de biomassa (DM)	Maior rendimento de diferentes idades	1= > 25 kg de produção de biomassa por árvore/ano 2=15,10 a 24,99 kg de produção de biomassa por árvore/ano 3= <15 kg de produção de biomassa por árvore/ano
2.	Teor de nutrientes (Composição química)	Maior teor de PC	1=> 20 % de proteína bruta 2=> 10,99 % de proteína bruta 3=<10 % de proteína bruta
3.	Duração disponível	Meses disponíveis duração do período de inverno (curta, média ou longa duração)	1 = Disponível > seis meses durante o inverno 2 = Disponível 4 a 6 meses durante o inverno 3 = Disponível < 4 meses durante o inverno
4.	Disponibilidade de árvores forrageiras durante o período de seca (Dukhako Gansh)	Disponível quando não há outras forragens que não estejam prontas para o corte ou disponível quando há chuva de inverno (Dukhako bela), fácil de cortar	1 = Disponível 2 = Não disponível
5	Palatabilidade das árvores forrageiras	Preferido pelo animal	1= Muito apreciado pelos animais e pelos agricultores 2=Moderadamente apreciado pelos animais e pelos agricultores 3=Apreciado tanto pelos animais como pelos agricultores
6.	Efeitos adversos para a saúde animal decorrentes da alimentação com árvores forrageiras (ou seja, toxicidade)	Seguro para alimentar o animal (nível de nitratos com 4 pontos).	1= Muito seguro para a alimentação de ruminantes 2= Moderadamente seguro para a alimentação de ruminantes 3= Seguro para alimentação 4= Não seguro para a alimentação de ruminantes
7.	Segurança alimentar dos animais em termos de teor de polifenóis na árvore forrageira	Efeito adverso do tanino na disponibilidade de nutrientes para os ruminantes.	1= Boa qualidade da forragem < 5% de teor de taninos 2= baixa qualidade > 5 % de teor de taninos
8	Preferência	Preferido pelos agricultores tendo em conta o género (em especial as mulheres)	1= Altamente preferido 2=Moderadamente preferido 3= Baixa preferência
9	Infestação por insectos	Resistente aos insectos	1= Resistente aos insectos 2=Moderadamente a inseto 3= Altamente suscetível a insectos
10	Infestação de doenças	Resistente a doenças	1= Resistente a doenças 2= Moderadamente

			resistente a doenças 3= Altamente suscetível a doenças
11	Disponibilidade ecológica	Disponível nas três elevações (<1000 m, 1000 a 1500 m e 1500 a 2000 m acima do nível do mar)	1= Disponível em todas as três elevações 2= Disponível em duas elevações 3= Disponível apenas numa elevação

Nota: As forragens que se encontram apenas numa única ecologia devem ser selecionadas porque são as únicas forragens selecionadas numa determinada região, por exemplo, o Khashru está disponível na montanha mas não numa altitude mais baixa.

Appendix 2. Seleção das principais espécies forrageiras, incluindo as preferências dos quatro distritos em relação a 19 espécies de árvores forrageiras

Classificação	Nome científico	Nome comum	Pontuação
1	*Artocarpus lakoocha Rox.*	Badahar	1.083
2	*Ficus infectoria Roxb.*	Kabro (Kalo)	1.273
	Ficus lacor Buch.	Kabro (Seto)	
3	*Quercus semecarpifolia Sm.*	Khasru	1.273
4	*Litsea polyantha Juss.*	Kutmiro	1.273
5	*Grewia tiliaefolia Vahl.*	Shyal phusro	1.364
6	*Ficus clavata Wall.*	Gedilo	1.455
7	*Ficus cunia Buch.*	Khanyu	1.455
8	*Quercus glauca Thunv.*	Phalat	1.455
9	*Premna bengalensis Clarke.*	Ginderi (Kalo)	1.545
	Premna latifolia Roxb.	Ginderi (Seto)	
10	*Ficus roxburghii Wall.*	Nimaro	1.545
11	*Michelia champaca L.*	Campeão	1.636
12	*Leucaena leucocephala*	Ipil ipil	1.636
13	*Ficus hispida L.*	Khasreto	1.545
14	*Morus alba L.*	Amora	1.636
15	*Ficus religiosa L.*	Pipal	1.636
16	*Ficus glaberrima Bl.*	Pakhuri	1.636
17	*Melia azedarach L.*	Bakaino	1.833
18	*Garuga pinnata Roxb.*	Dabdabe	1.833
19	*Bauhinia purpurea*	Tanki	1.850

Fonte: Inquérito, 2012

Appendix 3.   Seleção das principais espécies forrageiras incluindo os quatro distritos preferências de 10 espécies de árvores forrageiras

Classificação	Nome científico	Nome comum	Pontuação
1	*Artocarpus lakoocha Rox.*	Badahar	1.083
2	*Litsea polyanthus Juss.*	Kutmiro	1.273
3	*Ficus infectoria Roxb.*	Kabro (Kalo)	1.273
	Ficus lacor Buch.	Kabro (Seto)	
4	*Quercus semecarpifolia Sm.*	Khasru	1.273
5	*Leucoceptrum canum*	Ghurbis	1.364
6	*Grewia tiliaefolia Vahl.*	Shyal phusro	1.364
7	*Ficus clavata Wall.*	Gedilo	1.455
8	*Ficus cunia Buch.*	Khanyu	1.455
9	*Quercus glauca Thunv.*	Falante	1.455
10	*Premna bengalensis Clarke.*	Ginderi (Kalo)	1.545
	Premna latifolia Roxb.	Ginderi (Seto)	

Fonte: Inquérito, 2012

Appendix 4.   Carácter morfológico, rendimento e atributos de espécies de árvores forrageiras selecionadas com melhor classificação

Melhor classificado Espécies de árvores forrageiras	Carácter morfológico						Rendimento Kg/árvore DM	Época de desbaste
	Árvores			Folhas				
	Altura (m)	Perímetro (m)	Número sucursais	de Dossel M^2	Comprimento (cm)	Largura (cm)		
Artocarpus lakoocha	12.19	1.22	11	41.14	8	3.5	52.72	novembro a março
Litsea polyantha	14.87	4.82	12	19.31	7.5	5	23.35	outubro a novembro
Ficus lacor	9.14	1.0	9.0	55.65	7.0	3.5	12.37	outubro a abril

Fonte: Upreti e Shrestha, 2011, FAO 2012.

Nota (1)[1] Extensão média dos ramos (2) diâmetro = raio x 2), (3) altura do peito = 1,37 m. ou seja, 4,5 pés

Appendix 5. Composição química e polifenólicos das espécies arbóreas forrageiras selecionadas

Classificação Selecionado árvore forrageira	DM (%)	Composição química (%)				Polifelónica (%)		Macro Minerais		Nitrato Pontuação (1-4)*
		CP	EE	NDF	ADF	ADL	Tanino	Ca	P	
1 Badahar (*Artocarpus lakoocha*)	94.22	13.43	1.80	44.69	38.92	17.40	0.60	1.96	0.27	1.08
2 Kutmiro (*Litsea polyantha*)	94.30	15.32	2.31	57.32	49.69	28.64	2.00	1.66	0.34	1.27
3 Kabro (*Ficus lacor*)	94.0	12.05	2.20	51.93	45.95	21.22	1.00	2.46	0.25	1.27

Fonte: Upreti e Shrestha 2006, FAO, 2012*

Appendix 6. Variação sazonal da composição nutricional de espécies arbóreas forrageiras selecionadas

Espécies de árvores	Época	Descrição	Princípios de proximidade				
			DM	PC	EE	CF	TA
Badahar	primavera	Média	38.0 ±11.7	11.1±3.1	2.7±0.4	21.1±1.9	19.3±2.6
	Pré-monção	Média	-	-	-	-	-
	Monção	Média	27.8±8.7	13.5±3.7	1.6±0.2	23.8±0.6	6.6±2.6
	inverno	Média	34.7±9.2	14.2±4.5	1.1±0.1	21.1±2.9	17.3±6.2
Kutmiro	primavera	Média	41.9±8.9	12.1±3.7	3.7±1.4	23.5±6.8	7.5±1.5
	Pré-monção	Média	26.7±9.2	12.6±3.7	2.7±0.9	27.3±4.3	6.7±1.9
	Monção	Média	26.1±9.5	14.3±3.9	2.2±0.3	27.0±3.4	8.0±1.8
	inverno	Média	32.2±6.7	14.3±5.4	2.8±1.3	25.6±6.5	6.6±1.2
Kabro	primavera	Média	27.9±10.2	13.3±4.1	2.9±0.5	31.1±7.5	7.4±1.3
	Pré-monção	Média	25.5±0.0	13.4±0.4	2.6±0.7	26.5±0.9	9.3±0.7
	Monção	Média	32.8±6.3	9.8±0.2	2.8±0.8	29.5±2.1	7.3±0.3
	inverno	Média	26.2±3.1	13.8±1.1	2.8±0.1	25.3±0.4	8.2±0.5

Nota: ± indica o erro padrão Fonte: Subba, 1998

Vislumbres de actividades de investigação

Interaction with farmer to
select the fodder tree

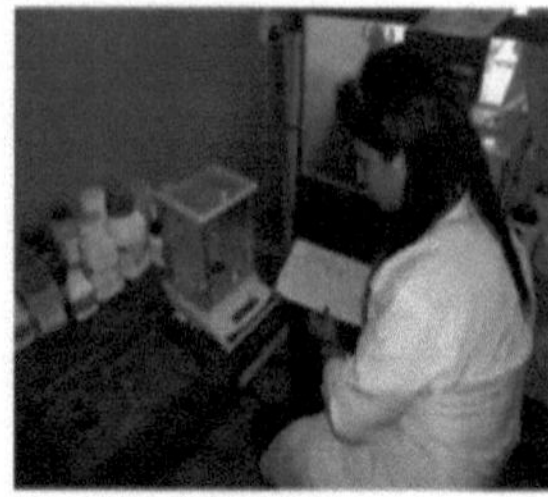

Sample weighing in lab

Calcium determination

Protein digestion

Taking energy reading

Determination of Ether

Determination of NDF

Determination of nitrate

Printed by Books on Demand GmbH, Norderstedt / Germany